WTB

Wissenschaftliche Taschenbücher

Mathematik · Physik

Harry Pfeifer

Halbleiterelektronik

Elektronik für den Physiker

VI

Akademie-Verlag · Berlin

WTB Wissenschaftliche Taschenbücher

Reihe BIOLOGIE

HANS BERGNER
Tierernährung

HELMUT FRIEMEL / JOSEF BROCK
Grundlagen der Immunologie

HELLMUTH GÄBLER
Forstschutz

HEINZ GEILER
Ökologie der Land- und Süßwassertiere

PAUL HOFFMANN
Photosynthese

EBERHARD HOFMANN
Eiweiße und Nucleinsäuren als biologische Makromoleküle
Dynamische Biochemie, Teil I

EBERHARD HOFMANN
Enzyme und energiebereitstellende Reaktionen des Stoffwechsels
Dynamische Biochemie, Teil II

EBERHARD HOFMANN
Der Stoffwechsel lebendiger Systeme und seine Regulation
Dynamische Biochemie, Teil III

EBERHARD HOFMANN
Grundlagen der Molekularbiologie und Regulation des Zellstoffwechsels
Dynamische Biochemie, Teil IV

FRIEDRICH JACOB
Bewegungsphysiologie der Pflanzen

GERHARD LERCH
Pflanzenökologie

JOACHIM NITSCHMANN
Entwicklung bei Mensch und Tier

HANS-WERNER NOLTE
Pflanzenschutz in der Landwirtschaft

KLAUS ODENING
Parasitismus

ALFRED PALISSA
Bodenzoologie in Wissenschaft, Naturhaushalt und Wirtschaft

MARTIN SCHMIDT
Pflanzenschutz im Gartenbau

ULRICH SEDLAG
Biologische Schädlingsbekämpfung

LUDWIG SPANNHOF
Zellen und Gewebe der Tiere

GÜNTER TEMBROCK
Grundlagen des Tierverhaltens

GÜNTER TEMBROCK
Biokommunikation
Informationsübertragung im biologischen Bereich
Teil I und II

EBERHARD TEUSCHER
Pharmakognosie
Teil I und II

REGINE WITKOWSKI
FALKO H. HERRMANN
Einführung in die klinische Genetik

GERALD WOLF
Neurobiologie

Reihe CHEMIE

HANS-MARTIN BARCHET
Chemie photographischer Prozesse

Ulrich Behrens
Manfred Ringpfeil
Mikrobielle Polysaccharide

Rolf Borsdorf
Manfred Scholz
Spektroskopische Methoden in der organischen Chemie

Hans Dawczynski
Temperaturbeständige Faserstoffe aus organischen Polymeren

Hans Dawczynski
Temperaturbeständige Faserstoffe aus anorganischen Polymeren

Werner Döpke
Stereochemie organischer Verbindungen

Martin Finke / Walter Leipnitz
Moderne Methoden der Erdölanalyse

Erich Gundermann
Chemie und Technologie des Braunkohlenteers

Werner Haberditzl
Magnetochemie

Siegfried Hauptmann
Über den Ablauf organisch-chemischer Reaktionen

Horst Kehlen / Frank Kuschel
Horst Sackmann
Grundlagen der chemischen Kinetik

Gerhard Kempter
Struktur und Synthese von Vitaminen

Peter Krumbiegel
Isotopieeffekte

Klaus Kühne
Werkstoff Glas

Dieter Merkel
Riechstoffe

Dieter Onken
Steroide

Burkart Philipp
Gerhard Reinisch
Grundlagen der makromolekularen Chemie

Joachim Riemer
Quantitative organische Mikroanalyse

Rolf Schöllner
Die Oxydation organischer Verbindungen mit Sauerstoff

Wolfgang Wagner
Chemische Thermodynamik

Günther Wagner
Hans Kühmstedt
Pharmazeutische Chemie

Reihe MATHEMATIK / PHYSIK

Hans Bandemer
Andreas Bellmann
Wolfhart Jung / Klaus Richter
Optimale Versuchsplanung

Frank Beichelt
Prophylaktische Erneuerung von Systemen

Dietrich Bender
Ernst-Egon Pippig
Einheiten, Maßsysteme, SI

Wolfram Brauer
Hans-Waldemar Streitwolf
Theoretische Grundlagen der Halbleiterphysik

Siegfried Brehmer
Einführung in die Maßtheorie

Ferdinand Cap
Einführung in die Plasmaphysik
I. Theoretische Grundlagen
II. Wellen und Instabilitäten
III. Magnetohydrodynamik

JOHN CUNNINGHAM
Vektoren

GEORG DAUTCOURT
Relativistische Astrophysik

K. CH. DELOKAROV
Relativitätstheorie und Materialismus

ALBERT EINSTEIN
Grundzüge der Relativitätstheorie

ALBERT EINSTEIN
Über die spezielle und die allgemeine Relativitätstheorie

HANNELORE FISCHER
JOACHIM PIEHLER
Modellsysteme der Operationsforschung

ALFRED FRIESER
Mikrowellenmeßtechnik

W. L. GINSBURG
Über Physik und Astrophysik

HERBERT GOERING
Elementare Methoden zur Lösung von Differentialgleichungsproblemen

MICHAEL GÖSSEL
Angewandte Automatentheorie
Band I und II

MICHAEL GÖSSEL
Wahrscheinlichkeitsautomaten und Zufallsfolgen

E. G. GOLSTEIN
Konvexe Optimierung

HELMUT HESS
Der elektrische Durchschlag in Gasen

WILHELM KÄMMERER
Kybernetik – eine Einführung auf naturwissenschaftlicher Grundlage

ULRICH KAUSMANN
KLAUS LOMMATZSCH
FRANTIŠEK NOŽIČKA
Lineare parametrische Optimierung

VOLKER KEMPE
Theorie stochastischer Systeme

VOLKER KEMPE
Analyse stochastischer Systeme
Teil I

A. R. KESSEL
Akustische Kernresonanz

HEINRICH KINDLER
Der Regelkreis

DIETER KLAUA
Elementare Axiome der Mengenlehre
Einführung in die
Allgemeine Mengenlehre I

DIETER KLAUA
Grundbegriffe der axiomatischen Mengenlehre
Teil 1 und 2
Einführung in die
Allgemeine Mengenlehre II

DIETER KLAUA
Kardinal- und Ordinalzahlen
Teil 1 und 2
Einführung in die
Allgemeine Mengenlehre III

DIETER KÖNIG / DIETRICH STOYAN
Methoden der Bedienungstheorie

KONRAD KREHER
Festkörperphysik

JEAN KUNTZMANN
Unendliche Reihen

JEAN KUNTZMANN
Systeme von Differentialgleichungen

JEAN KUNTZMANN
Komplexe Veränderliche

WOLFGANG MEILING
Kernphysikalische Elektronik

Peter Paufler / Dieter Leuschner
Kristallographische Grundbegriffe der Festkörperphysik

Harry Paul
Lasertheorie
Teil I und II

Harry Paul
Nichtlineare Optik
Teil I und II

Wolfgang Pauli
Vierpoltheorie und ihre Anwendung auf elektronische Schaltungen

Harry Pfeifer
Theorie linearer Bauelemente
Elektronik für den Physiker I

Harry Pfeifer
Die Elektronenröhre
Elektronik für den Physiker II

Harry Pfeifer
Schaltungen mit Elektronenröhren
Elektronik für den Physiker III

Harry Pfeifer
Leitungen und Antennen
Elektronik für den Physiker IV

Harry Pfeifer
Mikrowellenelektronik
Elektronik für den Physiker V

Harry Pfeifer
Halbleiterelektronik
Elektronik für den Physiker VI

Harry Pfeifer / W. Heink
Schaltungen mit Transistoren
Elektronik für den Physiker VII

Ulrich Röseberg
Determinismus und Physik

J. A. Rosanow
Wahrscheinlichkeitstheorie

Wolfgang Schäfer
Theoretische Grundlagen der Stabilität technischer Systeme

Ernst Schmutzer
Symmetrien und Erhaltungssätze der Physik

I. S. Sheludew
Elektrische Kristalle

N. D. Shewandrow
Die Polarisation des Lichtes

L. A. Skornjakow
Elemente der Verbandstheorie

A. A. Smirnow
Metallphysik

A. S. Sonin / B. A. Strukow
Einführung in die Ferroelektrizität

Hans-Jürgen Treder
Elementare Kosmologie

J. F. Vinson
Optische Kohärenz in der klassischen Theorie und in der Quantentheorie

TEXTE UND STUDIEN

D. M. Brink
Kernkräfte

Stephen G. Brush
Kinetische Theorie
Teil I und II

Festkörperphysik
Entwicklungstendenzen und Anwendungsmöglichkeiten

D. ter Haar
Quantentheorie

W. R. Hindmarsh
Atomspektren

J. H. Sanders
Die Lichtgeschwindigkeit

Gustav E. R. Schulze
Beiträge zur Entwicklung der Metallphysik

R. A. R. Tricker
Die Beiträge von Faraday und Maxwell zur Elektrodynamik

R. A. R. Tricker
Frühe Elektrodynamik

Vorschau auf die nächsten Bände:

Herbert Goering
Asymptotische Methoden zur Lösung von Differentialgleichungen

V. I. Karpman
Nichtlineare Wellen in dispersiven Medien

Dieter Kress
Theoretische Grundlagen der Signal- und Informationsübertragung

Dierck-Ekkehard Liebscher
Relativitätstheorie mit Zirkel und Lineal

Hans Luppa
Grundlagen der Histochemie
Teil I und II

Dieter Spaar
Hans-Joachim Müller
Helmut Kleinhempel
Klaus Naumann
Bakteriosen der Kulturpflanzen

WTB

BAND 43

Harry Pfeifer

Halbleiterelektronik

Elektronik für den Physiker VI

3., bearbeitete Auflage

Mit 94 Abbildungen und 20 Tabellen

AKADEMIE-VERLAG · BERLIN

Reihe MATHEMATIK UND PHYSIK

Herausgeber:
Prof. Dr. phil. habil. W. Holzmüller, Leipzig
Prof. Dr. phil. habil. A. Lösche, Leipzig
Prof. Dr. phil. habil. H. Reichardt, Berlin
Prof. Dr. phil. habil. K. Schröder, Berlin
Prof. Dr. phil. habil. K. Schröter, Berlin
Prof. Dr. rer. nat. habil. H.-J. Treder, Potsdam

Verfasser:
Prof. Dr. H. Pfeifer
Sektion Physik der Karl-Marx-Universität Leipzig

1977
Erschienen im Akademie-Verlag, 108 Berlin, Leipziger Straße 3—4

Gesamtherstellung:
VEB Druckhaus „Maxim Gorki", 74 Altenburg
Lizenznummer: 202 · 100/446/77
Bestellnummer: 760 036 1 (7043) · LSV 1154
Printed in GDR
DDR 8,– M

Berichtigungszettel

In den Kolumnenzeilen:

Seite 49	Lies: $\boldsymbol{j}_p$	statt: $\boldsymbol{j}_n$
Seite 148	Lies: t_r	statt: t_s
Seite 161	Lies: $\underline{\alpha}$, $\underline{\alpha}_p$	statt: α, α_p
Seite 182	Lies: $\underline{Y}_i$, $\underline{Y}_r$, $\underline{Y}_f$, $\underline{Y}_0$, $\underline{h}_i$, $\underline{h}_r$, $\underline{h}_f$, $\underline{h}_0$	
Seite 189	Lies in Fortsetzung: R_{thi}, U_{CB}, U_{CE}, U_{EB}	
Seite 192	Lies: $\underline{U}_{EB}$, $\underline{U}_1$	statt: $\bar{U}_{EB}$, $\bar{U}_1$
Seite 201	Lies: C	statt: c

Außerdem:

Seite 188, 9. Z. v. o.	Lies: $\bar{U}_{CB} = 30$ V
	statt: $\bar{U}_{EB} = 30$ V
Seite 189, 4. Z. v. o.	Lies: $\vartheta_{a\,max} = 60$ °C
	statt: $\vartheta_{\alpha max} = 60$ °C

Seite 216, α-Grenzfrequenz, Spalte A: 163, 170, 174, 194

Seite 217, Diffusionsspannung, Spalte A: 59, 98, 132, 165

Seite 223, Begriff Leitungsband falsch eingeordnet!

WTB Pfeifer VI, Halbleiterelektronik 7043 (760036 1)

Inhaltsverzeichnis

Inhaltsverzeichnis der weiteren Bände

Teil IV: Leitungen und Antennen

Teil V: Mikrowellenelektronik

Vorwort

In der vorliegenden dritten Auflage wurden die SI-Einheiten konsequent eingeführt und notwendige Korrekturen sowie Ergänzungen vorgenommen. Für die Unterstützung bei der Überarbeitung des Manuskriptes danke ich vor allem den Herren Dr. H. Ernst, Dipl.-Phys. W. Heink und Dr. sc. H. Schmiedel. Die Zusammenstellung der Literatur nach dem neuesten Stand, der Literaturhinweise und des Sachverzeichnisses lag wieder in den Händen von Herrn Dipl.-Phys. W. Heink.

Leipzig, im April 1976 H. Pfeifer

0. Einleitung

Die verwendeten Symbole entsprechen im wesentlichen den Empfehlungen der „Internationalen Union für reine und angewandte Physik (IUPAP)“, die als Document U.I.P. 11 (S.U.N. 65-3) (1965) veröffentlicht wurden.

Zur Kennzeichnung der verschiedenen Darstellungen bzw. Anteile einer physikalischen Größe gilt:

Augenblickswert: gewöhnlicher Buchstabe (a),
Gleichanteil: Buchstabe überstrichen ($\bar{a}$),
Komplexe Amplitude: Buchstabe unterstrichen ($\underline{a}$),
Scheitelwert: Buchstabe mit Akzent ($\breve{a}$), also gilt $|\underline{a}| = \breve{a}$,
Operator: Buchstabe mit Tilde ($\tilde{a}$),
Vektor: Buchstabe halbfett und kursiv ($\boldsymbol{a}$),
Tensor: Buchstabe halbfett und gerade ($\mathbf{a}$).

Damit ergibt sich beispielsweise

$$\begin{aligned} a &= \bar{a} + \breve{a} \cos(\omega t + \varphi) \\ &= \bar{a} + \mathrm{Re}\,\{\breve{a} \exp\big(j(\omega t + \varphi)\big)\} \\ &= \bar{a} + \mathrm{Re}\,\{\underline{a} \exp(j\omega t)\} \end{aligned}$$

wegen

$$\underline{a} = \breve{a} \exp(j\varphi).$$

Eine Zusammenstellung der wichtigsten Symbole und die Bedeutung, die sie in den meisten Fällen besitzen, findet man im Teil I dieser Reihe. Alle anderen Formelzeichen, die im Text oder in den Abbildungen neu eingeführt werden, sind am Kopf der Seite vermerkt. Dies gilt insbesondere auch für solche Symbole, die in dem betreffenden Abschnitt eine andere Bedeutung besitzen als gewöhnlich.

32. Grundlagen der Elektrizitätsleitung in Halbleitern

Die zunehmende Bedeutung der Halbleiterbauelemente, insbesondere der Transistoren und Kristalldioden für die Elektronik ist im wesentlichen auf die folgenden Eigenschaften zurückzuführen, die Halbleiterbauelemente vor Elektronenröhren auszeichnen:

1. geringe räumliche Ausmaße,
2. Wegfall der Heizung, geringere Betriebsspannungen,
3. hohe mittlere Lebensdauer von etwa $10^7 \cdots 10^8$ h (vgl. [R 3]) im Vergleich zu 10^4 h bei (Langlebensdauer-Elektronenröhren).

Entsprechend der Zielsetzung dieses Buches behandeln die folgenden Abschnitte in erster Linie die Wirkungsweise der Halbleiterbauelemente und weniger ihre technischen Anwendungen. Ebenso fehlen diejenigen physikalischen Grundlagen, die im allgemeinen in den Lehrbüchern der Atomphysik (Struktur der Materie) zu finden sind. Die wichtigste Literatur für ein vertieftes Studium ist am Ende des Buches zusammengestellt.

32.1. Grundbegriffe

Unter einem *Halbleiter* versteht man zunächst ein Material, dessen spezifischer elektrischer Widerstand ϱ bei Zimmertemperatur zwischen dem eines Leiters und eines Isolators liegt. Von einem Leiter spricht man, wenn

$$\varrho \lessapprox 1\Omega \frac{\text{mm}^2}{\text{m}} = 10^{-6}\,\Omega\,\text{m}$$

gilt. Zum Beispiel ist für Kupfer $\varrho = 0{,}0175\,\Omega\,\text{mm}^2/\text{m}$ und für Manganin $\varrho = 0{,}43\,\Omega\,\text{mm}^2/\text{m}$.

Als Isolatoren bezeichnet man dagegen Materialien mit

$$\varrho \gtrapprox 10^{12}\,\Omega\,\frac{\mathrm{mm}^2}{\mathrm{m}} = 10^{6}\,\Omega\,\mathrm{m},$$

z. B. Trolitul ($\varrho \gtrapprox 10^{22}\,\Omega\,\mathrm{mm}^2/\mathrm{m}$) oder Marmor ($\varrho \gtrapprox 10^{13}\,\Omega\,\mathrm{mm}^2/\mathrm{m}$).

Der spezifische Widerstand eines Halbleiters kann also im Bereich

$$1\,\Omega\,\frac{\mathrm{mm}^2}{\mathrm{m}} < \varrho < 10^{12}\,\Omega\,\frac{\mathrm{mm}^2}{\mathrm{m}}$$

bzw.

$$10^{-6}\,\Omega\,\mathrm{m} < \varrho < 10^{6}\,\Omega\,\mathrm{m}$$

liegen. Im folgenden werden wir aber nur solche Materialien behandeln und als Halbleiter bezeichnen, bei denen der Leitungsmechanismus auf einer Elektronenbewegung beruht (elektronische Halbleiter) und schließen damit die Gruppe der Ionenleiter von vornherein aus.

Die Elektronen können in einem Festkörper ebenso wie in einem Atom nur diskrete Energiewerte annehmen. Beim Festkörper sind diese aber in Gruppen angeordnet, wobei die Anzahl von Energiezuständen in jeder Gruppe gleich der doppelten Atomanzahl des betrachteten Materiestückes ist. Die erlaubten Energiewerte liegen daher so dicht, daß man von einem Energieband spricht (vgl. Abb. 32.1). Das oberste, von Elektronen noch praktisch vollständig besetzte Band nennt man Valenzband und das nächsthöhere Leitfähigkeits- oder Leitungsband. Beim Halbleiter sind Valenz- und Leitungsband durch einen schmalen Bereich nichterlaubter Energiewerte, die sog. verbotene Zone, getrennt. (Wenn sich Leitfähigkeits- und Valenzband überlappen, dann liegt ein Leiter vor und bei großem Bandabstand ein Isolator.)

Bei der absoluten Temperatur $T = 0$ ist das Valenzband vollständig besetzt und das Leitungsband völlig leer. Eine Elektrizitätsleitung kommt dann nicht zu-

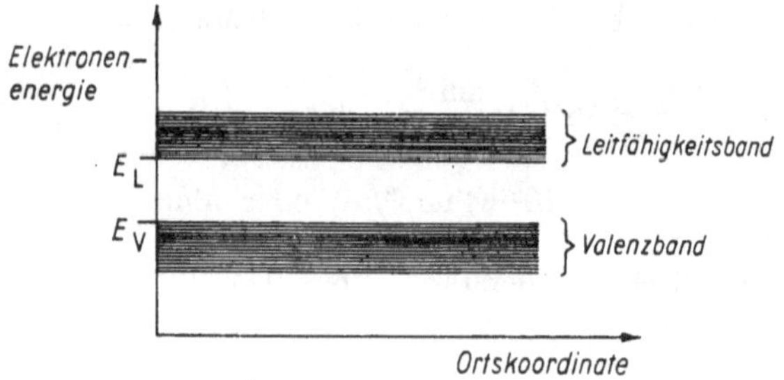

Abb. 32.1 **Bändermodell eines Halbleiters**
Da die Energieniveaus hier unabhängig von der Ortskoordinate sind, gilt diese Darstellung nur für einen Einkristall ohne irgendwelche Kristallfehler

stande; denn die Bewegung eines Elektrons bedeutet eine Zunahme seiner Energie, d. h. den Übergang zu einem höheren Niveau. Da im Valenzband aber alle Niveaus schon besetzt sind und der Abstand zum Leitungsband zu groß ist, verhält sich der Halbleiter bei $T = 0$ als Isolator.

Für $T > 0$ erhalten die Elektronen des Valenzbandes durch thermische Stöße so viel Energie, daß einige in das Leitfähigkeitsband springen können. Man spricht insbesondere von *Eigenhalbleitung*, wenn die Elektronen des Leitungsbandes ausschließlich (oder zum überwiegenden Teil) vom Valenzband stammen. Wie wir noch beweisen werden, ergibt sich in diesem Fall für die Anzahl n der Leitungsbandelektronen pro Volumeneinheit

$$n \propto \exp\left(-\frac{E_L - E_V}{2\,kT}\right), \qquad (32.1)$$

wobei k die Boltzmann-Konstante und $E_L - E_V$ den Bandabstand (vgl. Abb. 32.1) bezeichnet. Da die Leitfähigkeit σ proportional n ist, erhält man also aus der graphischen Darstellung von $\ln \sigma$ über $1/T$ den Bandabstand $E_L - E_V$. Außerdem sieht man, daß mit kleiner werdendem $E_L - E_V$ die Leitfähigkeit wächst. In Tab. 32.1 sind für einige Festkörper experimentell bestimmte Bandabstände angegeben. Der Vollständigkeit halber soll erwähnt werden, daß man diese Größe auch aus optischen Absorptionsmessungen (von einer bestimmten

Tabelle 32.1

Bandabstände $E_L - E_V$ einiger Festkörper in Elektronenvolt

Material	Bandabstand [eV] bei 0K	bei 300 K	Bemerkung
C (Diamant)	5,4		Isolator
GaP	2,32	2,26	Halbleiter
GaAs	1,52	1,43	Halbleiter
Si	1,17	1,14	Halbleiter
Ge	0,74	0,67	Halbleiter
InSb	0,23	0,18	Halbleiter
Sn (grau)	0,08		Halbleiter
TPb	—	—	Leiter

Frequenz an reicht die Energie aus, um Übergänge nach dem Leitungsband hervorzurufen) und aus der Temperaturabhängigkeit des HALL-Effektes erhalten kann.

Wir wollen uns im folgenden den Mechanismus der Elektrizitätsleitung etwas genauer ansehen und beginnen mit den Elektronen im Leitfähigkeitsband. Wenn an einem Kristall von der Länge l die Spannung U anliegt, dann ist die Kraft auf ein Elektron, dessen Ladung $-e$ sei, $-eU/l$, und es sollte eine beschleunigte Bewegung zustande kommen. Infolge von Wechselwirkungen mit dem Kristall, bedingt

1. durch die thermische Bewegung der Gitterbausteine und

2. durch Störstellen (geladene und neutrale Fremdatome) sowie Gitterdefekte

bildet sich aber eine konstante mittlere Geschwindigkeit aus, da man diese Wechselwirkung als eine Folge von Zusammenstößen auffassen kann, durch die das Elektron jeweils abgebremst wird (Abb. 32.2).
Diese mittlere Geschwindigkeit v ist proportional der elektrischen Feldstärke U/l,[1]) und man schreibt

$$v = \mu_n \frac{U}{l}. \tag{32.2}$$

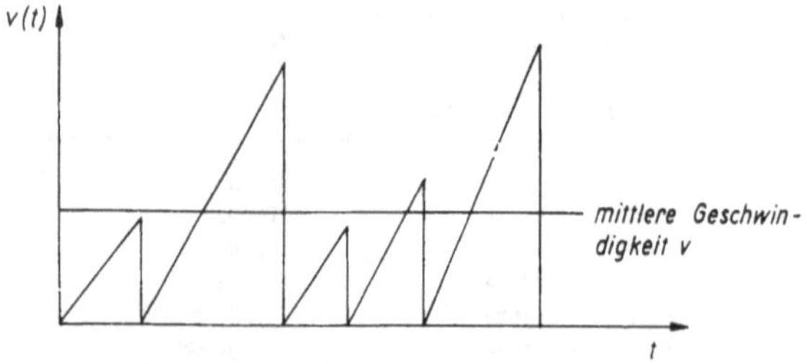

Abb. 32.2. Vereinfachte Darstellung der Elektronengeschwindigkeit $v(t)$ in einem elektrischen Feld als Funktion der Zeit t (ohne Berücksichtigung des thermischen Anteils der Geschwindigkeit)

μ_n wird als Beweglichkeit der Elektronen bezeichnet. Sie setzt sich entsprechend den oben genannten Wechselwirkungen aus zwei Anteilen, nämlich der Gitterbeweglichkeit μ_{nL} und der Störstellenbeweglichkeit μ_{nI}, zusammen. Näherungsweise gilt

$$\frac{1}{\mu_n} = \frac{1}{\mu_{nL}} + \frac{1}{\mu_{nI}}, \tag{32.3}$$

wobei μ_{nI} proportional $T^{3/2}$ ist und umgekehrt proportional zur Störstellenkonzentration. Bei einem reinen Einkristall wird also $\mu_n = \mu_{nL}$. In Tab. 32.2 und 32.3a sind

---

[1]) Dies gilt nicht mehr für sehr hohe elektrische Feldstärken. Von etwa 90 kV/m bei Germanium und 250 kV/m bei Silizium an treten Abweichungen auf, so daß schließlich bei 0,1···1 GV/m die Geschwindigkeit feldstärkeunabhängig wird.

einige Zahlenwerte für die Gitterbeweglichkeit angegeben.

Die Abnahme der Beweglichkeit durch den Einbau von Fremdatomen (Gl. (32.3)) kann teilweise beträchtlich sein. Bei Silizium beispielsweise verringert sich μ_n von

Tabelle 32.2

Gitterbeweglichkeit der Elektronen (μ_{nL}) und Defektelektronen (μ_{pL}) für Silizium und Germanium in der Einheit $m^2V^{-1}s^{-1}$

Silizium		
	$\mu_{nL} = 2{,}1 \cdot 10^5\, T^{-2,5}$	für 150 K $\leqq T \leqq$ 440 K
	$= 0{,}15 \pm 0{,}01$	bei Zimmertemperatur
	$\mu_{pL} = 2{,}3 \cdot 10\, T^{-2,7}$	für 150 K $\leqq T \leqq$ 440 K
	$= 0{,}048 \pm 0{,}002$	bei Zimmertemperatur
Germanium		
	$\mu_{nL} = 4{,}9 \cdot 10^3\, T^{-1,66}$	für 100 K $\leqq T \leqq$ 300 K
	$= 0{,}38 \pm 0{,}01$	bei Zimmertemperatur
	$\mu_{pL} = 1{,}05 \cdot 10^5\, T^{-2,33}$	für 100 K $\leqq T \leqq$ 300 K
	$= 0{,}18 \pm 0{,}01$	bei Zimmertemperatur

$\mu_{nL} = 0{,}15\,m^2/Vs$ auf $0{,}08\,m^2/Vs$, wenn man durch Arsendotierung (vgl. unten: Störstellenhalbleitung) die Elektronenkonzentration im Leitungsband bei Zimmertemperatur um den Faktor 50 vergrößert.

Nennen wir die Querschnittsfläche des Halbleiters A, so ist die während der Zeit Δt durch A hindurchtretende Ladung $enAv\Delta t$, und wir erhalten für den Strom

$$I_n = enAv \tag{32.4}$$

oder unter Verwendung von Gleichung (32.2)

$$I_n = en\mu_n \frac{A}{l}\, U. \tag{32.5}$$

Die zugehörige Leitfähigkeit σ_n ist also

$$\sigma_n = en\mu_n. \tag{32.6}$$

Der Index n in den Gln. (32.4) und (32.6) soll dabei auf die Tatsache hinweisen, daß es sich nur um den Anteil handelt, der von den Elektronen im Leitfähigkeitsband herrührt.

Im Valenzband ist nämlich jetzt auch eine Elektrizitätsleitung möglich, da durch den Übergang von Elektronen zum Leitungsband „Löcher" entstanden sind. Diese freien Plätze können dann von Elektronen tiefer

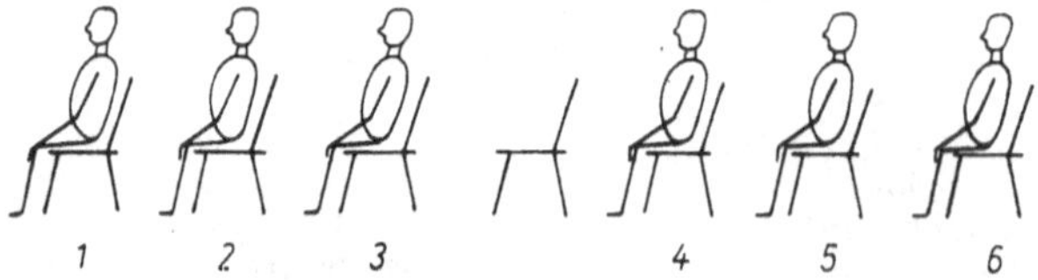

Abb. 32.3. Anschauliches Beispiel zur Beschreibung einer Elektrizitätsleitung durch Defektelektronen

gelegener Niveaus durch Aufnahme kinetischer Energie besetzt werden, und es ist eine Elektronenbewegung, d. h. ein Elektrizitätstransport, möglich. Diesen Leitungsmechanismus, bei dem im Prinzip alle Valenzelektronen beteiligt sind, kann man auch durch die Bewegung der „Löcher", die man besser Defektelektronen nennt, in der entgegengesetzten Richtung beschreiben. Als anschauliches Beispiel betrachten wir die in Abb. 32.3 dargestellte Stuhlreihe, die bis auf einen Stuhl vollständig besetzt ist. Wenn auf der linken Seite ein interessantes Ereignis stattfindet (d. h. eine Spannung an den Kristall angelegt wird), dann springt zunächst die Person *4* auf den mittleren Stuhl, *5* rückt auf den Stuhl von *4* und *6* auf den von *5*. Mit anderen Worten, der leere Stuhl (Defektmensch) hat sich nach rechts, also in entgegengesetzter Richtung, bewegt. (Eine genauere Behandlung findet sich auf S. 34ff.). Wir schreiben demzufolge in Analogie zu Gl. (32.2)

$$v = \mu_p \frac{U}{l} \tag{32.7}$$

und nennen μ_p die Beweglichkeit der Defektelektronen.[2]) Die im Anschluß an Gl. (32.2) durchgeführten Betrachtungen gelten entsprechend für μ_p, und es folgt insbesondere

$$I_p = ep\mu_p \frac{A}{l} U \tag{32.8}$$

bzw.

$$\sigma_p = ep\mu_p , \tag{32.9}$$

wobei p die Zahl der Defektelektronen im Valenzband pro Volumeneinheit bezeichnet. Da sich der Gesamtstrom I additiv aus I_n und I_p zusammensetzt, erhalten wir für die resultierende Leitfähigkeit

$$\sigma = \sigma_n + \sigma_p = e(n\mu_n + p\mu_p) . \tag{32.10}$$

Beim Eigenhalbleiter muß

$$p = n \tag{32.11}$$

gelten, und somit wird

$$\sigma_E = ep(\mu_n + \mu_p) . \tag{32.12}$$

Den Gegensatz zur Eigenhalbleitung bildet die sog. *Störstellenhalbleitung*, bei der die Elektronen im Leitfähigkeitsband nicht notwendigerweise vom Valenzband stammen müssen und die Defektelektronen des Valenzbandes nicht notwendigerweise durch die zum Leitfähigkeitsband übergegangenen Elektronen erzeugt wurden. Es braucht also nicht $p = n$ zu gelten, und man nennt Materialien, für die $n > p$ gilt, Überschußhalbleiter oder Störstellenhalbleiter vom n-Typ und solche mit $p > n$ Mangelhalbleiter oder Störstellenhalbleiter vom p-Typ. Ein Störstellenhalbleiter entsteht aus einem Eigenhalbleiter durch den Einbau von Gitterstörungen. Bei Kristallen mit heteropolarer Bindung erzeugt man am einfachsten Abweichungen von der stöchiometrischen

[2]) Die kritischen Feldstärken, von denen an Gl. (32.7) nicht mehr gilt, sind hier bei Germanium 140 kV/m und bei Silizium 750 kV/m.

Zusammensetzung durch den Einbau oder Ausbau von Eigenatomen, während bei Kristallen mit homöopolarer Bindung Fremdatome eingebaut werden müssen. Diese Störstellen liefern in der verbotenen Zone zwischen Valenz- und Leitfähigkeitsband zusätzliche erlaubte Energieniveaus, und zwar ist der n-Typ dadurch gekennzeich-

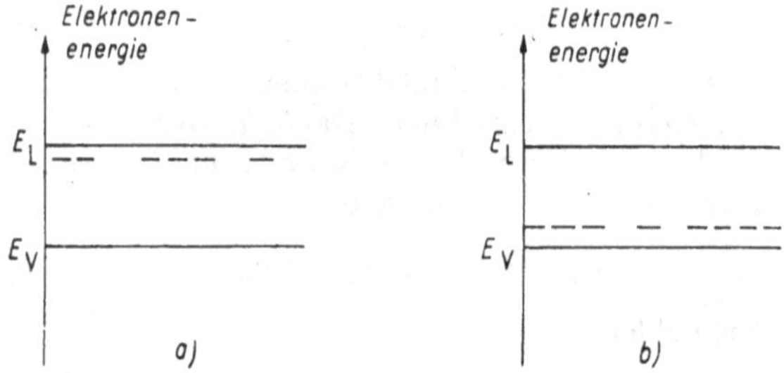

Abb. 32.4. Bändermodell
a) mit Donatorenniveaus; b) mit Akzeptorenniveaus

net, daß diese Niveaus nahe dem Leitfähigkeitsband liegen (Abb. 32.4*a*). Bei sehr tiefen Temperaturen ist das Leitfähigkeitsband leer und die Zwischenniveaus, die man aus gleich ersichtlichen Gründen als Donatoren bezeichnet, sind mit Elektronen besetzt. Eine Elektrizitätsleitung kommt nicht zustande, da die Elektronen in den Donatoren lokalisiert und nicht beweglich sind. Bei geringer Erwärmung (aber meist noch weit unter Zimmertemperatur) gehen die Elektronen von den Donatoren zum Leitfähigkeitsband über, und der Kristall beginnt zu leiten. Die Leitfähigkeit σ besitzt also folgende Temperaturabhängigkeit:

1. Für $T \to 0$ gilt auch $\sigma \to 0$.

2. Bei geringer Erwärmung nimmt σ wegen des Anwachsens von n zu, bis n gleich der Anzahl n_D der Donatoren pro Volumeneinheit ist.

3. Bei weiterem Temperaturanstieg verringert sich σ

zunächst wieder, da die Beweglichkeit μ_n mit der Temperatur abnimmt (vgl. Tab. 32.2).

4. Hat die Temperatur schließlich einen solchen Wert erreicht, daß thermische Übergänge vom Valenz- zum Leitfähigkeitsbestand möglich sind, so beginnt die Eigenleitung, und σ nimmt stark zu.

Beim Störstellenhalbleiter vom p-Typ befinden sich diese zusätzlichen Niveaus in der Nähe des Valenzbandes (Abb. 32.4*b*). Sie sind bei sehr tiefen Temperaturen nicht von Elektronen besetzt und werden als Akzeptorenniveaus bezeichnet, da sie bei geringer Erwärmung (noch weit unter Zimmertemperatur) Elektronen aus dem Valenzband aufnehmen und damit dort Defektelektronen erzeugen. Das Temperaturverhalten von σ_p ist völlig analog zu dem von σ_n, nur daß an Stelle von n_D die Anzahl der Akzeptoren pro Volumeneinheit (n_A) tritt.

An Hand einiger Beispiele soll nun die atomare Struktur solcher Störstellenhalbleiter erläutert werden. Wir beginnen mit Kristallen, zwischen deren Bausteinen eine heteropolare Bindung besteht (Ionenkristalle). Die Verbindung sei M^+X^-, und es werde zunächst ein zusätzliches M-Atom hinzugefügt. Die erste Möglichkeit besteht darin, daß dieses Atom einen Zwischengitterplatz einnimmt, wie es schematisch in Abb. 32.5 dargestellt ist. Wegen der losen Bindung des Valenzelektrons an M wirkt dieses zusätzliche Atom als Donator (Beispiel: ZnO mit einem Zusatz von Zn-Atomen). Als zweite Möglichkeit kommt

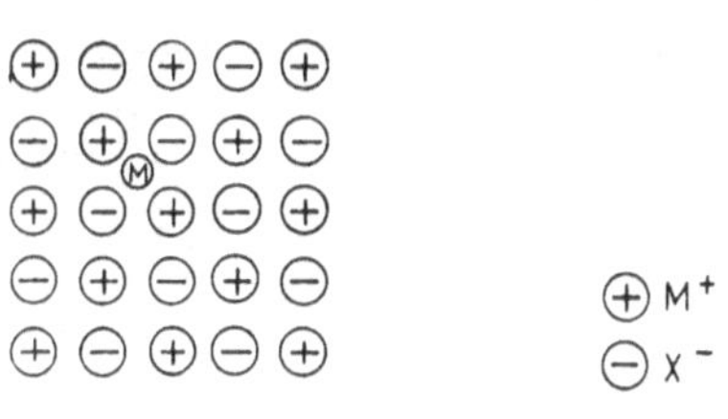

Abb. 32.5. Einbau eines M-Atoms in einen Zwischengitterplatz des Ionenkristalls M^+X^-

der Einbau des Atoms M in eine M^+-Fehlstelle in Frage (vgl. Abb. 32.6).

Da nach dem Einbau die betreffende Stelle nicht mehr ausgezeichnet ist, wandert das Valenzelektron von einem M^+-Ion zum nächsten und gelangt schließlich an die Fehl-

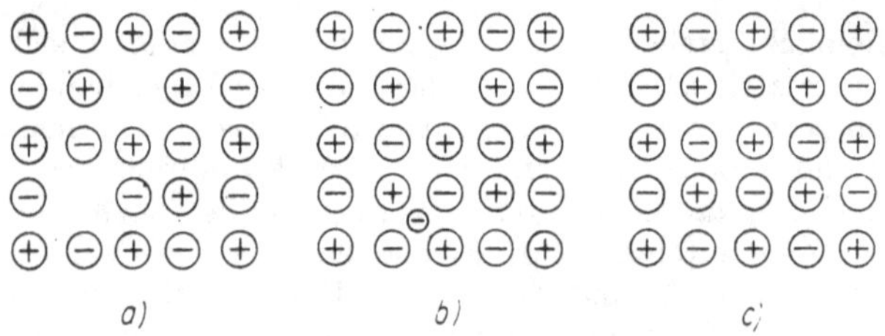

Abb. 32.6. Einbau eines M-Atoms in einen Ionenkristall M^+X^-
a) Ionenkristall M^+X^- mit je einer X^- und M^+-Fehlstelle;
b) derselbe Kristall nach Einbau eines M-Atoms;
c) wie b), wobei aber das überschüssige Elektron an die X^--Fehlstelle gewandert ist und damit ein *F*-Zentrum gebildet hat

stelle eines X^--Ions (wegen der notwendigen Neutralität des Kristalls muß jeder M^+-Fehlstelle eine X^--Fehlstelle zugeordnet sein), wo es — wegen der umgebenden M^+-Ionen — ein Energieminimum vorfindet und damit gebunden wird. Die Bindung ist allerdings nur schwach, so daß diese von einem Elektron besetzte X^--Fehlstelle als Donator wirkt. Eine solche Stelle wird als *F-Zentrum* bezeichnet, da die Bindungsenergie bei guten Isolatoren ungefähr der Energie des sichtbaren Lichtes entspricht, wodurch der Kristall infolge der Lichtabsorption gefärbt erscheint (Farbzentrum). Fügt man statt eines M-Atoms ein zusätzliches X-Atom hinzu, so kommt wegen der Größe dieser Teilchen ein Einbau auf einem Zwischengitterplatz im allgemeinen nicht in Frage, und das Atom gelangt in eine X-Fehlstelle. Das fehlende Elektron oder, in anderer Sprechweise, das überschüssige Defektelektron wandert dann durch den Kristall, bis es an eine M^+-Fehlstelle kommt, wo es ein Energieminimum vorfindet und damit gebunden wird. Eine solche M^+-Fehlstelle, die von einem Defektelektron besetzt ist (d. h., auf die vier umgebenden X^--Ionen entfallen nicht vier, sondern nur drei Valenzelektronen) wirkt demnach als Akzeptor und wird als *V-Zentrum* bezeichnet (Abb. 32.7).

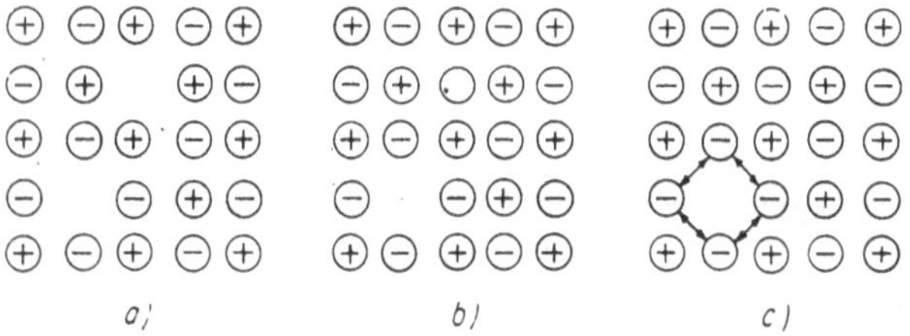

Abb. 32.7. Einbau eines X-Atoms in einen Ionenkristall M^+X^-
a) Ionenkristall M^+X^- mit je einer X^-- und einer M^+-Fehlstelle;
b) derselbe Kristall nach Einbau eines X-Atoms;
c) wie b), wobei aber das überschüssige Defektelektron an die M^+-Fehlstelle gewandert ist und damit ein *V*-Zentrum gebildet hat

Beispiele für Störstellenhalbleiter mit heteropolarer Bindung sind Cu_2O, ZnO, NiO, die bei Erhitzung in einer Sauerstoffatmosphäre zusätzliche O-Atome aufnehmen, und ZnO sowie TiO_2, die, im Vakuum oder in einer reduzierenden Atmosphäre erhitzt, Sauerstoff abgeben. Geringste Abweichungen von der stöchiometrischen Zusammensetzung verursachen dabei schon starke Änderungen der elektrischen Eigenschaften. So besitzt z. B. TiO_2 einen spezifischen Widerstand ϱ von etwa $10^8\,\Omega$ m, während $TiO_{1,9995}$ einen Halbleiter mit $\varrho \approx 0{,}1\,\Omega$ m darstellt.

Die wichtigsten Beispiele für Kristalle, die durch den Einbau von Fremdatomen zu Störstellenhalbleitern werden, sind die zur vierten Gruppe des Periodensystems gehörigen Elemente Silizium und Germanium. Beide besitzen Diamantstruktur, d. h., jedes Atom hat vier nächste Nachbarn, die ein Tetraeder bilden. Außerdem besitzt jedes Atom vier äußere Elektronen, die mit je einem Elektron der vier nächsten Nachbarn die homöopolare Bindung bewirken. Durch den Einbau von Atomen der fünften Gruppe (P, As, Sb, Bi), die fünf äußere Elektronen besitzen, an Stelle eines Ge- oder Si-Atoms entsteht ein überschüssiges, lose gebundenes Elektron, so daß diese

Tabelle 32.3

Energetische Lage einiger Störstellenniveaus unter dem Leitfähigkeitsband (Donatoren) bzw. über dem Valenzband (Akzeptoren) in Elektronenvolt

	Donatoren	Akzeptoren
Silizium (Bandabstand 1,14 eV)	P 0,045 As 0,049 Sb 0,039	B 0,045 Al 0,057 Ga 0,065 In 0,16
Germanium (Bandabstand 0,67 eV)	P 0,0120 As 0,0127 Sb 0,0096	B 0,0104 Al 0,0102 Ga 0,0108 In 0,0112

Fremdatome als Donatoren wirken. In analoger Weise entstehen durch den Einbau von Atomen der dritten Gruppe (B, Al, Ga, In, Tl) Akzeptoren. Man kann demnach Germanium oder Silizium wahlweise zum n- oder p-Halbleiter beliebiger Leitfähigkeit machen, indem man Atome der fünften oder dritten Gruppe in der entsprechenden Konzentration zugibt. In Tab. 32.3 sind Zahlenwerte für die energetische Lage einiger Störstellenniveaus angegeben.

Aus Elementen der Gruppen III und V des Periodensystems der Elemente (und entsprechend II und VI) lassen sich Verbindungen herstellen, die im stöchiometrischen Gleichgewicht (gleiche Anzahl!) eigenleitend sind und bei schon geringen Abweichungen Störstellenhalbleitung zeigen. Solche „III-V-Verbindungen" sind z. B. GaP (Galliumphosphid), GaAs (Galliumarsenid), InSb (Indiumantimonid) u. a. Die Bandabstände $E_L - E_V$

und die Gitterbeweglichkeit der Elektronen (μ_{nL}) und Defektelektronen (μ_{pL}) bei Zimmertemperatur sind in Tab. 32.3*a* für einige Materialien zusammengestellt. Insbesondere GaAs hat in letzter Zeit neben Si und Ge für die Transistorherstellung stärkere Bedeutung gewonnen, da der höhere Bandabstand eine größere Be-

Tabelle 32.3 a

Bandabstand ($E_L - E_V$), Gitterbeweglichkeit der Elektronen (μ_{nL}) für einige Festkörper bei Zimmertemperatur

Festkörper	$E_L - E_V$ [eV]	μ_{nL} [m²/Vs]	μ_{pL} [m²/Vs]
GaP	2,26	0,01	0,002
GaAs	1,43	0,85	0,04
Si	1,14	0,15	0,04
Ge	0,67	0,38	0,18
InSb	0,18	7,7	0,13
Cu	–	0,0035	–

triebstemperatur (vgl. Gl. (32.1)ff.) zuläßt: Ge bis 85···100 °C, Si bis 150···200 °C und GaAs bis 350···400 °C.

Zum Abschluß dieser Vorbetrachtungen wollen wir noch die Begriffe Rekombinationszentrum und Haftstelle („trap“) erläutern.

Bei *Rekombinationszentren* handelt es sich um Störstellen in der verbotenen Zone mit einer solchen Lage, daß sowohl Übergänge von Elektronen nach dem Valenzband als auch nach dem Leitfähigkeitsband mit einer relativ großen Wahrscheinlichkeit möglich sind. Abb. 32.9

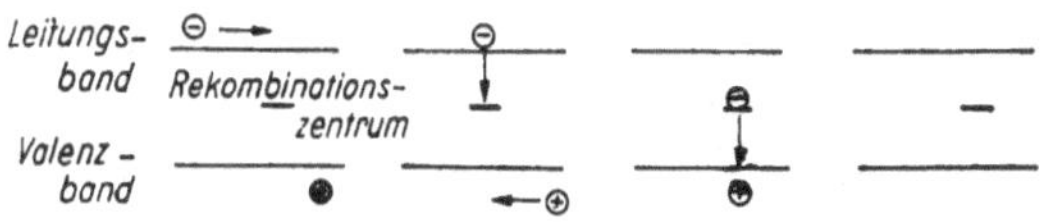

Abb. 32.9. Zur Wirkungsweise eines Rekombinationszentrums
Die einzelnen Abbildungen stellen die zeitliche Aufeinanderfolge dar

zeigt schematisch die Wirkungsweise eines Rekombinationszentrums. Wenn dagegen die Übergangswahrscheinlichkeit für Elektronen vom Leitungsband zu einer Störstelle groß und sowohl in umgekehrter Richtung als auch nach dem Valenzband klein ist, dann spricht man nicht mehr von einem Rekombinationszentrum, sondern von einer *Elektronenhaftstelle* oder Elektronenfalle. Analog bezeichnet man eine Störstelle, bei der die Übergangswahrscheinlichkeit der Elektronen zum Valenzband groß und sowohl in umgekehrter Richtung als auch nach dem Leitungsband klein ist, aus leicht ersichtlichen Gründen als *Defektelektronenhaftstelle* oder Defektelektronenfalle.

32.2. Energieverteilungsfunktion der Elektronen

Wir nennen g_i die Anzahl der Zustände, die ein Elektron annehmen kann, dessen Energie in den Bereich von E_i bis $E_i + \Delta E$ fällt. Dann ergibt sich, wie im Teil II, Abschnitt 7, gezeigt wurde, aus den Forderungen

1. die Elektronen sind ununterscheidbar,

2. es darf jeder Zustand höchstens von einem Elektron angenommen werden (PAULI-Verbot)

für die Verteilungsfunktion [vgl. Teil II, Gln. (7.43) und (7.55)]

$$N_i = \frac{g_i}{\exp\left(\frac{E_i - E_F}{kT}\right) + 1}. \tag{32.13}$$

Dabei bedeutet N_i die Zahl der Elektronen mit Energien im Intervall von E_i bis $E_i + \Delta E$, k die BOLTZMANN-Konstante und T die absolute Temperatur. E_F ist die FERMIsche Grenzenergie, die man aus der Bedingung

$$\sum_i N_i = N$$

ermitteln kann (N = Gesamtzahl der Elektronen). Das Hauptproblem besteht damit in der Berechnung von g_i.

Für den einfachen Fall eines *kräftefreien* Elektrons, d. h. bei Vernachlässigung der Wechselwirkung mit den anderen Elektronen und den Atomkernen des Kristalls, ist die potentielle Energie gleich Null. Die SCHRÖDINGER-Gleichung vereinfacht sich dann zu [vgl. Teil II, Gl. (7.10)]

$$-\frac{\hbar^2}{2m}\,\Delta\psi(\boldsymbol{r}) = E\psi(\boldsymbol{r}), \tag{32.14}$$

wobei m die Elektronenmasse, $\hbar$ die durch $2\,\pi$ dividierte PLANCKsche Konstante h und E die Gesamtenergie, die hier gleich der kinetischen Energie ist, bedeutet. Δ bezeichnet den Deltaoperator und ψ die Wellenfunktion des Elektrons. Unter der Annahme, daß sich das Elektron in einem Kasten (Kristall) mit den Kantenlängen a, b, c befinden soll (vgl. Teil II, Abb. 7.1), folgt als Lösung [vgl. Teil II, Gl. (7.11) ff.]

$$\psi = C \sin k_x x \sin k_y y \sin k_z z \tag{32.15}$$

mit

$$k_x^2 + k_y^2 + k_z^2 = \boldsymbol{k}^2 = \frac{2mE}{\hbar^2}\cdot \tag{32.16}$$

und

$$k_x = \frac{\pi n_x}{a}, \quad k_y = \frac{\pi n_y}{b}, \quad k_z = \frac{\pi n_z}{c}. \tag{32.17}$$

Die n_x, n_y und n_z können alle ganzen Zahlen ($\pm\,1$, $\pm\,2$, $\pm 3, \ldots$) annehmen, und C ist für jedes Wertetripel (k_x, k_y, k_z bzw. n_x, n_y, n_z) jeweils eine Konstante. Den durch die Komponenten k_x, k_y, k_z definierten Vektor $\boldsymbol{k}$ schließlich bezeichnet man als Wellenzahlvektor.

Eine einfache Überlegung [vgl. Teil II, Gl. (7.14) ff.] ergibt dann für die Anzahl der Zustände eines kräftefreien Elektrons mit einer Energie im Intervall von E_i bis $E_i + \Delta E$

$$g_i = 4\pi V \left(\frac{2m}{h^2}\right)^{3/2} \sqrt{E_i}\,\Delta E, \tag{32.18}$$

wobei $V = abc$ das Volumen des Kristalls darstellt. Der

um den Faktor 2 gegenüber Gl. (7.17), Teil II, größere Wert folgt aus der Tatsache, daß wegen des Elektronenspins maximal zwei Elektronen jeden der im Teil II, Abschnitt 7, berechneten Zustände annehmen können, was einer Verdopplung der Anzahl erlaubter Zustände entspricht. Die Lage des FERMI-Niveaus E_F ergibt sich, wie schon erwähnt, aus der Bedingung

$$N = \sum_i N_i. \tag{32.19}$$

Dafür kann man mit den Gleichungen (32.13) und (32.18) und nach Übergang zum Integral

$$N = 4\pi V \left(\frac{2m}{h^2}\right)^{3/2} \int\limits_0^\infty \frac{\sqrt{E}}{\exp\left(\frac{E - E_F}{kT}\right) + 1} \, \mathrm{d}E \tag{32.20}$$

schreiben. Für $T \to 0$ läßt sich die Integration leicht ausführen, und man erhält

$$E_F \propto \left(\frac{N}{V}\right)^{2/3}. \tag{32.21}$$

Der entsprechende Ausdruck für $T > 0$ ist in Gl. (7.56), Teil II, angegeben.

Die Elektronen im Kristallverband sind natürlich nicht kräftefrei, sondern stehen untereinander und mit den Atomkernen in Wechselwirkung. Demzufolge wäre bei einem Kristall, bestehend aus N_K Kernen mit je N_e Elektronen, ein $(N_K + N_K N_e)$-Körper-Problem zu lösen. Vernachlässigt man die Bewegung der Kerne, so reduziert sich die Aufgabe zunächst auf ein $N_K N_e$-Körper-Problem. Als nächste Vereinfachung betrachtet man nur ein Elektron und setzt die Wirkung aller anderen Elektronen pauschal durch eine Abschirmung der Atomkerne in Rechnung (Kern + abschirmende Elektronen = = Atomrumpf). Dies bedeutet, daß wir wegen der Gitterstruktur die Bewegung des Elektrons in einem räumlich periodischen Potential Φ zu untersuchen haben. Mit

$$E_{pot} = -e\Phi \tag{32.22}$$

lautet dann die SCHRÖDINGER-Gleichung

$$\left(-\frac{\hbar^2}{2m}\Delta - e\Phi\right)\psi(\boldsymbol{r}) = E\psi(\boldsymbol{r}), \tag{32.23}$$

wobei e wie üblich den Betrag der Ladung eines Elektrons darstellt und Φ die Eigenschaft

$$\Phi(x + r_x a_x,\ y + r_y a_y,\ z + r_z a_z) = \Phi(x, y, z) \tag{32.24}$$

besitzt. Die r_x, r_y und r_z können die ganzzahligen Werte $0, \pm 1, \pm 2, \ldots$ annehmen, während a_x, a_y und a_z Konstante sind, die durch die Gitterstruktur gegeben werden.

Abb. 32.10 zeigt als Beispiel ein eindimensionales Atomgitter und den zugehörigen Potentialverlauf.

Die Gl. (32.23) wurde annäherungsweise für die beiden Grenzfälle des stark (BLOCH) und des schwach (BRILLOUIN) gebundenen Elektrons gelöst. Stark gebunde Elektronen sind solche, deren Gesamtenergie kleiner als

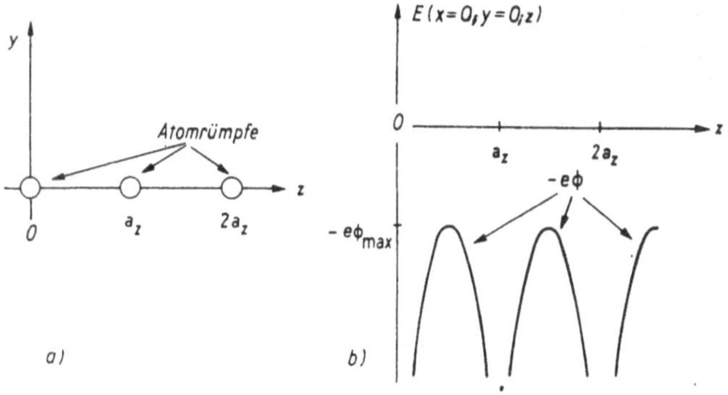

Abb. 32.10. Eindimensionales Atomgitter und zugehöriger Potentialverlauf
a) eindimensionales Atomgitter; b) zugehörige Abhängigkeit der potentiellen Energie eines Elektrons von der z-Koordinate ($x = y = 0$)

$-e\Phi_{max}$ (vgl. Abb. 32.10*b*) ist. Die Energie der schwach gebundenen Elektronen dagegen ist größer als $-e\Phi_{max}$. In Abb. 32.11 sind die Gebiete schraffiert dargestellt, für die die BLOCHsche bzw. BRILLOUINsche Näherung gilt. Ohne auf Einzelheiten dieser Behandlungen einzu-

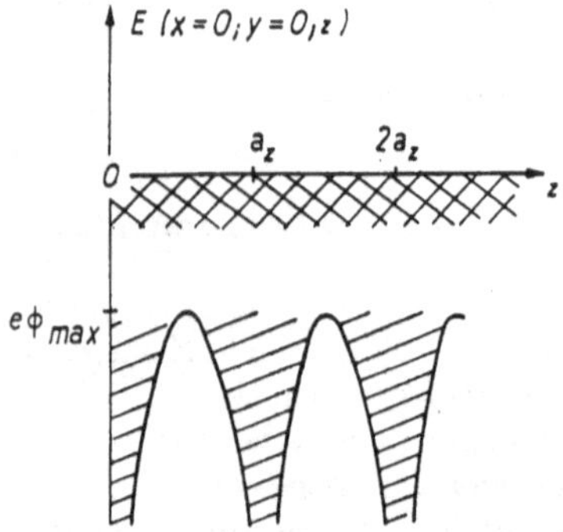

Abb. 32.11. Zum Gültigkeitsbereich der BLOCHschen (einfach schraffiert) und der BRILLOUINschen (doppelt schraffiert) Näherung

gehen, wollen wir hier nur einige gemeinsame Eigenschaften der BLOCHschen und BRILLOUINschen Lösungen angeben:

1. Die Lösungen lassen sich in die Form

$$\psi = C \sin k_x x \sin k_y y \sin k_z z \tag{32.25}$$

bringen, wobei aber C jetzt nicht nur von k_x, k_y und k_z abhängt, sondern auch vom Ort (x, y, z), so daß C gitterperiodisch ist.

Durch Verwendung dieser Lösung in der zeitabhängigen SCHRÖDINGER-Gleichung ergibt sich für die Orts- und Zeitabhängigkeit

$$\psi_{(x,y,z)} = C \sin k_x x \sin k_y y \sin k_z z \exp\left(-\frac{j}{\hbar} Et\right). \tag{32.25a}$$

Aufgaben:

1. Wellenfunktionen der Form

$$\Psi_{(z,t)} = C \exp\left\{j\left(k_z z - \frac{E}{\hbar}t\right)\right\}$$

entsprechen einem nichtlokalisierten Elektron, da die Wahrscheinlichkeitsdichte $\Psi^*\Psi$ periodische Maxima im Abstand a_z besitzt.

Man zeige, daß aber für eine geeignete Linearkombination (Überlagerung von Wellenfunktionen mit $k_0 - \Delta k \leqq k_z \leqq k_0 + \Delta k$) die Wahrscheinlichkeitsdichte ein zusätzliches starkes Maximum bei

$$z = \frac{1}{\hbar}\left(\frac{\mathrm{d}E}{\mathrm{d}k}\right)_{k_0} t$$

besitzt. Diese Linearkombination beschreibt also ein an der Stelle z lokalisiertes Elektron.

2. Man zeige unter Verwendung des Resultats von Aufgabe 1, daß folgende Beziehungen für ein Elektron im eindimensionalen Atomgitter gelten:

Geschwindigkeit $v_z = \dfrac{1}{\hbar}\dfrac{\mathrm{d}E}{\mathrm{d}k_z}$

Beschleunigung

$$b_z = \frac{1}{\hbar}\frac{\mathrm{d}^2E}{\mathrm{d}k_z^2}\frac{\mathrm{d}k_z}{\mathrm{d}t}$$

äußere Kraft

$$F_z = \hbar\frac{\mathrm{d}k_z}{\mathrm{d}t}$$

effektive Masse

$$m_{\text{eff}} = \hbar^2\left(\frac{\mathrm{d}^2E}{\mathrm{d}k_z^2}\right)^{-1}$$

Hinweis: Zur Ableitung der beiden letzten Gleichungen beachte man, daß für den Energiezuwachs des Elektrons bei Einwirken einer äußeren Kraft F_z in der Zeit $\mathrm{d}t$ gilt

$$\mathrm{d}E = F_z\mathrm{d}z = F_z\frac{1}{\hbar}\frac{\mathrm{d}E}{\mathrm{d}k_z}\mathrm{d}t$$

und daß E eine Funktion von k_z ist.

2. Die Energieeigenwerte E sind in Gruppen angeordnet. In der graphischen Darstellung (E als Funktion der Ortskoordinate) ergeben sich also Bänder, d. h., es folgt das von uns schon verwendete Bändermodell (Abb. 32.12).

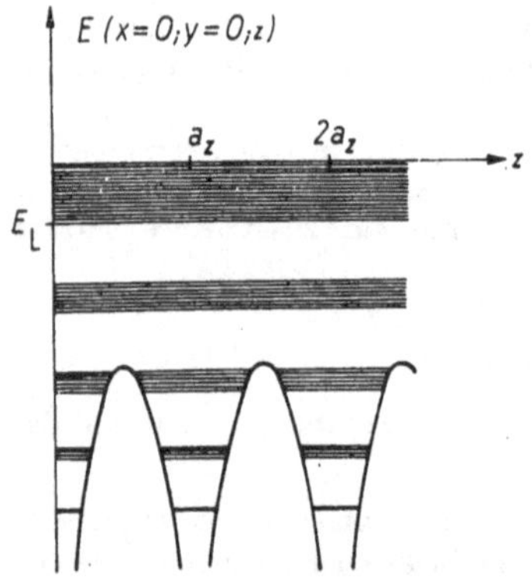

Abb. 32.12. Darstellung der gruppenförmigen Anordnung von erlaubten Energieniveaus (Eigenwerten) in einem Kristall (Bändermodell)

3. Die Abhängigkeit der Energie vom Wellenzahlvektor kann an der oberen bzw. unteren Grenze eines Energiebandes oft mit genügender Genauigkeit in folgender Form geschrieben werden:

$$E = E_{\text{grenz}} + \text{const} \cdot |\boldsymbol{k} - \boldsymbol{k}_{\text{grenz}}|^2. \qquad (32.26)$$

Diese Gleichung tritt an Stelle der entsprechenden Beziehung für das kräftefreie Elektron

$$E = \frac{\hbar^2}{2m} \boldsymbol{k}^2, \qquad (32.27)$$

die man sofort aus Gl. (32.16) erhält. Auf Grund der Analogie schreibt man für die Konstante in Gl. (32.26)

$\hbar^2/2\,m_{\text{eff}}$ und nennt m_{eff} die effektive Masse des Elektrons bei der Energie E_{grenz}, d. h. an der Bandgrenze.[3])

Für die Elektronen im Leitungsband gilt also

$$E = E_{\text{L}} + \frac{\hbar^2}{2m_{\text{n}}} |\boldsymbol{k} - \boldsymbol{k}_{\text{L}}|^2, \tag{32.28}$$

wobei m_{n} die effektive Elektronenmasse an der unteren Grenze des Leitungsbandes (E_{L}) bezeichnet. Um die Randbedingungen für ψ zu erfüllen, müssen $\boldsymbol{k}$ und $\boldsymbol{k}_{\text{L}}$ analogen Beziehungen wie Gl. (32.17) genügen, und man erhält nach einer ähnlichen Überlegung wie im Teil II, Abschnitt 7, [vgl. Gl. (7.14) ff.] für die Anzahl g_{iL} der Zustände eines Elektrons im Energieintervall E_{i} bis $E_{\text{i}} + \Delta E$ an der unteren Grenze des Leitungsbandes

$$g_{\text{iL}} = 4\pi V \left(\frac{2m_{\text{n}}}{\hbar^2}\right)^{3/2} \sqrt{E_{\text{i}} - E_{\text{L}}}\, \Delta E. \tag{32.29}$$

Analog zu Gl. (32.28) gilt für die Elektronen an der oberen Grenze (E_{V}) des Valenzbandes

$$E = E_{\text{V}} + \frac{\hbar^2}{2(-m_{\text{p}})} |\boldsymbol{k} - \boldsymbol{k}_{\text{V}}|^2, \tag{32.30}$$

wobei $-m_{\text{p}} < 0$ die effektive Elektronenmasse in diesem Bereich darstellt. Die effektive Elektronenmasse ist also an der oberen Grenze des Valenzbandes negativ. Es erscheint wichtig, darauf hinzuweisen (vgl. auch Aufg. 2 auf S. 31), daß die effektiven Massen in den Bewegungsgleichungen an Stelle der Masse des freien Elektrons einzusetzen sind, sofern man die Wechselwirkungen der Elektronen mit den Atomrümpfen nicht explizit berücksichtigt; denn diese Wechselwirkungen finden ja gerade ihren Ausdruck in der gegenüber Gl. (32.27) geänderten Beziehung (32.26). Demzufolge ist es auch nicht ver-

---

[3]) Dies ergibt sich auch unmittelbar durch Anwendung der in Aufg. 2 auf S. 31 abgeleiteten Beziehung für m_{eff}.

wunderlich, daß die effektive Elektronenmasse von der wahren Masse stark abweichen kann und z. B. an der oberen Grenze des Valenzbandes sogar einen negativen Wert besitzt. Da außerdem die Gl. (32.26) nur einen Spezialfall der allgemeinen Beziehung

$$E = E_{\text{grenz}} \mp C_x |k_x - k_{x\text{grenz}}|^2 \mp C_y |k_y - k_{y\text{grenz}}|^2 \mp C_z |k_z - k_{z\text{grenz}}|^2 \quad (32.31)$$

darstellt, versteht man, daß die effektive Masse für verschiedene Bewegungsrichtungen auch durchaus verschiedene Werte besitzen kann ($1/m_{\text{eff}}$ ist ein Tensor).

Die Tatsache, daß die effektive Elektronenmasse an der oberen Grenze des Valenzbandes negativ ist, hat zur Folge, daß sich diese Elektronen nicht wie freie Elektronen entgegengesetzt zu einem elektrischen Feld (d. h. von $-$ nach $+$), sondern *in* Richtung des Feldes (also von $+$ nach $-$) bewegen. Es wird deshalb relativ schwierig sein, den Beitrag I_p des Valenzbandes zum Gesamtstrom durch die Bewegung der Elektronen in den verschiedenen Niveaus des Valenzbandes auszurechnen.

Wie schon auf S. 18 anschaulich erläutert wurde, hilft hier die Einführung von Quasiteilchen, die man Defektelektronen nennt: Es sei l die Länge des Halbleiterkristalls in z-Richtung und v_{zi} die Geschwindigkeit des i-ten Elektrons infolge einer von außen angelegten Spannung (positiver Pol bei $z = l$). Dann gilt, wenn die positive Stromrichtung von $z = l$ nach $z = 0$ gewählt wird,

$$I_p = \frac{e}{l} \sum v_{zi}, \quad (32.32)$$

wobei die Summe über alle Elektronen des Valenzbandes zu erstrecken ist und e den Betrag der Ladung eines Elektrons darstellt. Sind alle Niveaus (Anzahl N_V) des Valenzbandes mit Elektronen besetzt, dann gilt, wie auf S. 13/14 begründet wurde

$$0 = \frac{e}{l} \sum_{i=1}^{N_V} v_{zi}. \quad (32.33)$$

Wenn aber P_V Elektronen das Valenzband verlassen haben, fließt ein Strom der Intensität

$$I_p = \frac{e}{l} \sum_{i=1}^{N_v - P_v} v_{zi} \,. \tag{32.34}$$

Dies läßt sich unter Verwendung von Gl. (32.33) umschreiben in

$$I_p = -\frac{e}{l} \sum_{i=N_v-P_v+1}^{N_v} v_{zi} \,. \tag{32.35}$$

Der Stromanteil I_p, der aus der Bewegung aller im Valenzband vorhandenen Elektronen (Anzahl $N_V - P_V$) resultiert, ist also gleich dem negativen Wert des Stromes, den man erhalten würde, wenn im Valenzband **nur** die Elektronen vorhanden wären, die es verlassen haben.

Tabelle 32.4

Eigenschaften der Elektronen und Defektelektronen

Eigenschaften	Elektronen	Defektelektronen
Ladung	$-e$	$+e$
Effektive Masse an der oberen Grenze des Valenzbandes	$m_{eff} = -m_p < 0$	$+m_p > 0$
Effektive Masse an der unteren Grenze des Leitfähigkeitsbandes	$m_{eff} = m_n > 0$	$-m_n < 0$

Andererseits folgt Gl. (32.35) aber auch, wenn sich P_V positiv geladene Teilchen (Ladung $+e$) in Richtung des elektrischen Feldes bewegen (man beachte, daß v_{zi} in Gl. (32.35) negativ ist). Aus diesem Grunde wird also die effektive Defektelektronenmasse an der oberen Grenze des Valenzbandes gleich $+m_p$ [vgl. Gl. (32.30)]. In Tab. 32.4 sind die Eigenschaften der Elektronen und Defektelektronen der Übersichtlichkeit halber noch einmal zusammengestellt.

Aus Gl. (32.30) erhält man leicht in Analogie zu der Überlegung im Teil II, Abschnitt 7 [vgl. Gl. (7.14) ff.], für die Anzahl g_{iV} der Zustände eines Elektrons im Energieintervall E_i bis $E_i + \Delta E$ am oberen Rand des Valenzbandes

$$g_{iV} = 4\pi V \left(\frac{2m_p}{h^2}\right)^{3/2} \sqrt{E_V - E_i}\,\Delta E. \qquad (32.36)$$

Unter Verwendung der Gleichungen (32.13) und (32.29) ergibt sich für die Gesamtzahl N_L der Elektronen im Leitungsband

$$N_L = \sum_i N_{iL} = \sum_i \frac{g_{iL}}{\exp\left(\frac{E_i - E_F}{kT}\right) + 1}$$

$$= \int\limits_{E_L}^{\infty} \frac{4\pi V \left(\frac{2m_n}{h^2}\right)^{3/2} \sqrt{E - E_L}\,\mathrm{d}E}{\exp\left(\frac{E - E_F}{kT}\right) + 1}, \qquad (32.37)$$

wobei wir die Summation durch eine Integration ersetzt haben. Mit der Integrationsvariablen

$$\eta = \frac{E - E_L}{kT} \qquad (32.38)$$

wird daraus

$$N_L = \int\limits_0^{\infty} \frac{4\pi V \left(\frac{2m_n}{h^2}\right)^{3/2} (kT)^{3/2} \sqrt{\eta}\,\mathrm{d}\eta}{\exp\left(\eta + \frac{E_L - E_F}{kT}\right) + 1}. \qquad (32.39)$$

Dieses Integral wollen wir für den Fall

$$E_L - E_F \gg kT \qquad (32.40)$$

lösen. Diese Bedingung besagt, daß das Fermi-Niveau hinreichend weit unterhalb der unteren Grenze des Leitungsbandes liegen muß. Dann läßt sich nämlich die

Verteilungsfunktion der Elektronen im Leitungsband durch eine BOLTZMANN-Verteilung annähern [vgl. die Gln. (7.45) und (7.57) im Teil II], und man spricht von einem gewöhnlichen Halbleiter. Im anderen Fall, wenn also die FERMI-Verteilung (wie in Metallen) zur Beschreibung der Elektronenverteilung im Leitungsband herangezogen werden muß, nennt man den Halbleiter entartet. Unter der Voraussetzung (32.40), die für Eigenhalbleiter mit einer nicht zu schmalen verbotenen Zone bei Zimmertemperatur erfüllt ist (s. unten), folgt aus Gl. (32.39)

$$N_L = 4\pi V \left(\frac{2m_n kT}{h^2}\right)^{3/2} \int_0^\infty \sqrt{\eta}\, \exp(-\eta)\, d\eta \times \exp\left(-\frac{E_L - E_F}{kT}\right) \tag{32.41}$$

oder, da das Integral über η den Wert $\sqrt{\pi}/2$ besitzt,

$$N_L = V \cdot 2 \left(\frac{2\pi m_n kT}{h^2}\right)^{3/2} \exp\left(-\frac{E_L - E_F}{kT}\right). \tag{32.42}$$

Bezeichnen wir die Anzahl der Elektronen des Leitungsbandes pro Volumeneinheit mit

$$n_0 = \frac{N_L}{V} \tag{32.43}$$

und führen die sog. effektive Zustandsdichte im Leitungsband

$$n_e = 2 \left(\frac{2\pi m_n kT}{h^2}\right)^{3/2} \tag{32.44}$$

ein, so ergibt sich

$$n_0 = n_e \exp\left(-\frac{E_L - E_F}{kT}\right). \tag{32.45}$$

Für die Anzahl der Defektelektronen im Valenzband

(P_V) erhalten wir

$$P_V = \sum_i g_{iV} \left(1 - \frac{1}{\exp\left(\frac{E_i - E_F}{kT}\right) + 1}\right), \quad (32.46)$$

da g_{iV} die Anzahl der Zustände im Energieintervall von E_i bis $E_i + \Delta E$ angibt und der zweite Faktor in der Klammer die Wahrscheinlichkeit für das Fehlen eines Elektrons mit der Energie E_i. Nach einer einfachen Umformung der Klammer und Übergang zur Integration folgt

$$P_V = \int\limits_{-\infty}^{E_V} \frac{4\pi V \left(\frac{2m_p}{h^2}\right)^{3/2} \sqrt{E_V - E}}{\exp\left(\frac{E_F - E}{kT}\right) + 1} \mathrm{d}E. \quad (32.47)$$

Mit der Substitution $\eta = (E_V - E)/kT$ und der Annahme

$$E_F - E_V \gg kT, \quad (32.48)$$

die besagt, daß das FERMI-Niveau hinreichend weit über der oberen Grenze des Valenzbandes liegen soll (nichtentarteter Halbleiter bezüglich der Defektelektronen), ergibt sich sofort

$$P_V = 2V \left(\frac{2\pi m_p kT}{h^2}\right)^{3/2} \exp\left(-\frac{E_F - E_V}{kT}\right). \quad (32.49)$$

Bezeichnen wir die Anzahl der Defektelektronen des Valenzbandes pro Volumeneinheit mit

$$p_0 = \frac{P_V}{V} \quad (32.50)$$

und führen die sog. effektive Zustandsdichte im Valenzband

$$p_e = 2 \left(\frac{2\pi m_p kT}{h^2}\right)^{3/2} \quad (32.51)$$

ein, so läßt sich Gl. (32.49) in der Form

$$p_0 = p_e \exp\left(-\frac{E_F - E_V}{kT}\right) \tag{32.52}$$

schreiben.

Aus dieser Beziehung und der entsprechenden für n_0 [Gl. (32.45)] ergeben sich nun einige wichtige Folgerungen:

Wir bilden zunächst das Produkt $n_0 p_0$ und erhalten

$$n_0 p_0 = n_e p_e \exp\left(-\frac{E_L - E_V}{kT}\right). \tag{32.53}$$

Für den Fall der Eigenleitung gilt

$$n_0 = p_0, \tag{32.54}$$

und damit folgt

$$n_0 = p_0 = \sqrt{n_e p_e} \exp\left(-\frac{E_L - E_V}{2kT}\right). \tag{32.55}$$

Diese Beziehung haben wir schon einmal [vgl. Gl. (32.1)] benutzt, wobei wir aber in diesem Abschnitt n_0 statt n schreiben, um anzudeuten, daß damit die Anzahl der Elektronen im thermischen Gleichgewicht bezeichnet werden soll. Als nächstes bilden wir den Quotienten n_0/p_0 und erhalten unter Berücksichtigung von Gl. (32.54)

$$1 = \frac{n_e}{p_e} \exp\left(\frac{-E_L - E_V + 2E_F}{kT}\right) \tag{32.56}$$

oder, wenn wir nach E_F auflösen und n_e sowie p_e ersetzen [Gln. (32.44) und (32.51)],

$$E_F = \frac{1}{2}(E_L + E_V) + \frac{3}{4} kT \ln\left(\frac{m_p}{m_n}\right). \tag{32.57}$$

Diese Gleichung gibt die Lage der FERMIschen Grenzenergie in einem Eigenhalbleiter an, und wir sehen, daß E_F etwa (wegen $m_p \approx m_n$) in der Mitte der verbotenen

Zone liegt. Da kT bei Zimmertemperatur (290 K) den Wert $25 \cdot 10^{-3}$ eV besitzt, sind die Bedingungen (32.40) und (32.48) für eigenleitendes Silizium und Germanium (vgl. Tab. 32.1, S. 15) erfüllt.

Für Störstellenhalbleiter ändern sich die Elektronenzahlen in den Bändern und die Lage des FERMI-Niveaus. Wir schreiben deshalb[4]) N_L^S für N_L, P_V^S für P_V und E_F^S für E_F, während g_{iL} und g_{iV} durch das Einbringen von Donatoren und/oder Akzeptoren ungeändert bleiben. Damit ergibt sich aus Gl. (32.37) analog zur Ableitung von Gl. (32.45)

$$n_0^S = n_e \exp\left(-\frac{E_L - E_F^S}{kT}\right) \tag{32.58}$$

und aus der Gl. (32.46)

$$p_0^S = p_e \exp\left(-\frac{E_F^S - E_V}{kT}\right). \tag{32.59}$$

Demzufolge hat das Produkt $n_0^S p_0^S$ den gleichen Wert wie beim Eigenhalbleiter, unabhängig von der Anzahl der Donatoren und Akzeptoren.

Man schreibt dafür oft

$$n_0 p_0 = n_i^2 \tag{32.60}$$

und nennt n_i die Inversionsdichte des betreffenden Halbleiters. Aus Gl. (32.53) und den Beziehungen (32.44) sowie (32.51) folgt also

$$n_i^2 = 2\left(\frac{2\pi m_n kT}{h^2}\right)^{3/2} \cdot 2\left(\frac{2\pi m_p kT}{h^2}\right)^{3/2} \exp\left(-\frac{E_L - E_V}{kT}\right). \tag{32.61}$$

Meßwerte für diese Größe sind in Tab. 32.5 zusammengestellt.

---

[4]) Den Index s werden wir später (ab Gl. (32.62)) der Einfachheit halber wieder weglassen.

Tabelle 32.5

Meßwerte für das Quadrat der Inversionsdichte in der Einheit m^{-6}

Silizium

$$n_i^2 = \begin{cases} 1{,}5 \cdot 10^{45}\, T^3 \exp\left(-\dfrac{14028}{T}\right) & \text{bei der Temperatur } T \text{ in K} \\ 2{,}25 \cdot 10^{32} & \text{bei Zimmertemperatur} \end{cases}$$

Germanium

$$n_i^2 = \begin{cases} 3{,}1 \cdot 10^{44}\, T^3 \exp\left(-\dfrac{9101}{T}\right) & \text{bei der Temperatur } T \text{ in K} \\ 5{,}76 \cdot 10^{38} & \text{bei Zimmertemperatur} \end{cases}$$

Die Lage der FERMIschen Grenzenergie bei *Störstellenhalbleitern* läßt sich mit Hilfe der Gln. (32.58) und (32.59) (wobei wir, wie im folgenden stets, den Index s weglassen) und der beiden Beziehungen

$$n_0 = n_i + n_D^+ \tag{32.62}$$

$$p_0 = n_i + n_A^- \tag{32.63}$$

ermitteln. Dabei bezeichnet n_D^+ bzw. n_A^- die Dichte der ionisierten Donatoren bzw. Akzeptoren und n_i die Ladungsträgerkonzentration bei Eigenhalbleitung ($n_A = n_D = 0$).

Wir betrachten zunächst den Fall $n_D \gg n_A$, d. h. n-leitendes Material. Dann folgt aus den Gln. (32.58) und (32.62)

$$n_i + n_D^+ = n_e \exp\left(-\frac{E_L - E_F}{kT}\right). \tag{32.64}$$

Unter der Annahme, daß wir hinreichend weit von der Eigenleitung entfernt sind, kann n_i gegen n_D^+ vernachlässigt werden, und es ergibt sich

$$n_D^+ = n_e \exp\left(-\frac{E_L - E_F}{kT}\right). \tag{32.65}$$

Da $(n_D - n_D^+)/n_D$ die Wahrscheinlichkeit darstellt, daß ein Elektron das Donatorniveau E_D besetzt, läßt sich als zweite Gleichung für n_D^+ aufschreiben

$$\frac{n_D - n_D^+}{n_D} = \left(1 + \exp\left(\frac{E_D - E_F}{kT}\right)\right)^{-1}. \qquad (32.66)$$

Durch Einsetzen von Gl. (32.65) in Gl. (32.66) und Auflösung nach der Größe $\exp\left(\frac{E_D - E_F}{kT}\right)$ ergibt sich

$$\exp\left(\frac{E_D - E_F}{kT}\right) = \left\{1 + \left(1 + \frac{4n_D}{n_e}\exp\left(\frac{E_L - E_D}{kT}\right)\right)^{1/2}\right\} \times \frac{n_e}{2n_D}\exp\left(-\frac{E_L - E_D}{kT}\right). \qquad (32.67)$$

Für höhere Temperaturen, d. h.

$$n_e \exp\left(-\frac{E_L - E_D}{kT}\right) \gg n_D\,,$$

folgt damit

$$E_F = E_L - kT \ln \frac{n_e}{n_D} \qquad (32.68)$$

und für niedrige Temperaturen, d. h.

$$n_e \exp\left(-\frac{E_L - E_D}{kT}\right) \ll n_D\,,$$

wird

$$E_F = \frac{1}{2}(E_L + E_D) - \frac{kT}{2} \ln \frac{n_e}{n_D}. \qquad (32.69)$$

In analoger Weise läßt sich die Lage der FERMIschen Grenzenergie für $n_A \gg n_D$, d. h. für p-leitendes Material, berechnen. Die Ergebnisse sind in Tab. 32.6 dargestellt.

Aufgabe:

Man berechne die Lage der FERMIschen Grenzenergie für p-leitendes Material, ausgehend von den Gln. (32.59) und (32.63).

Tabelle 32.6

Lage der FERMIschen Grenzenergie E_F bei Störstellenhalbleitern E_D = Energie der Donatorniveaus, E_A = Energie der Akzeptorniveaus

niedrige Temperaturen	höhere Temperaturen
n-leitendes Material	
$E_F = \frac{1}{2}(E_D + E_L) - \frac{kT}{2} \ln \frac{n_e}{n_D}$	$E_F = E_L - kT \ln \frac{n_e}{n_D}$
p-leitendes Material	
$E_F = \frac{1}{2}(E_V + E_A) + \frac{kT}{2} \ln \frac{p_e}{n_A}$	$E_F = E_V + kT \ln \frac{p_e}{n_A}$

Bei niedrigen Temperaturen liegt also die FERMIsche Grenzenergie etwa in der Mitte zwischen den Bandkanten (E_L bzw. E_V) und den Störstellenniveaus (vgl. Abb. 32.13a). Bei höheren Temperaturen dagegen kann die FERMIsche Grenzenergie durchaus einen größeren Abstand von der jeweiligen Bandgrenze besitzen (vgl. Abb. 32.13*b*).

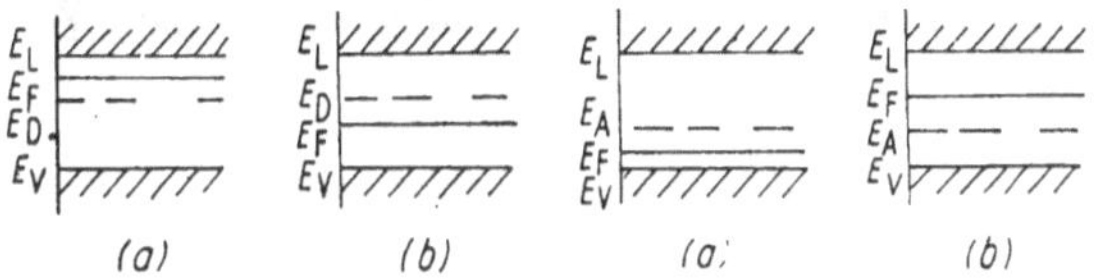

Abb. 32.13. Lage der FERMIschen Grenzenergie E_F in n- und p-leitendem Material jeweils für niedrige (a) und höhere (b) Temperaturen

32.3. *Zeit- und Ortsabhängigkeit der Trägerkonzentration*

Wir betrachten für das Folgende zunächst einen n-Halbleiter mit der Donatorenkonzentration n_D und nehmen an, daß alle Donatoren ionisiert sind. Dann gilt, wenn wir mit n die Teilchendichte der Elektronen zur Zeit t im

Leitungsband bezeichnen,

$$n = n_D + p\,, \tag{32.70}$$

wobei p die Defektelektronendichte zum gleichen Zeitpunkt im Valenzband darstellt; denn die Elektronen des Leitungsbandes stammen entweder von den Donatoren oder aus dem Valenzband. Es handelt sich dabei um ein dynamisches Gleichgewicht in dem Sinne, daß die Anzahl der sekundlich durch Paarbildung entstandenen Elektron-Defektelektron-Paare (durch Übergang eines Elektrons vom Valenz- zum Leitungsband) im Mittel gleich ist der Rekombinationsrate, d. h. der pro Sekunde durch Übergänge von Leitungselektronen zum Valenzband verschwindenden Paare. Sehen wir zunächst von der Existenz der Rekombinationszentren ab, so muß die Rekombinationsrate proportional np sein, da die Wahrscheinlichkeit für den Übergang eines Elektrons vom Leitungs- zum Valenzband doppelt so groß wird, wenn man die Zahl der besetzbaren „Löcher" (p) verdoppelt. Andererseits wird aber die Paarbildungsrate weder von n noch von p abhängen, da sowohl die Zahl der freien Plätze im Leitungsband als auch die Zahl der Elektronen im Valenzband sehr groß und damit praktisch konstant ist. Wir können also

$$\frac{\mathrm{d}p}{\mathrm{d}t} = g - rpn \tag{32.71}$$

schreiben, wobei g die Paarbildungsrate und r den Proportionalitätsfaktor der Rekombinationsrate bedeutet. Im Gleichgewicht muß $\mathrm{d}p/\mathrm{d}t$ verschwinden, und wir erhalten

$$p_0 n_0 = \frac{g}{r} \tag{32.72}$$

oder, mit Gl. (32.60),

$$\frac{g}{r} = n_i^2\,. \tag{32.73}$$

Nun bringen wir in diesen n-Halbleiter zusätzliche Defektelektronen (wie dies zu bewerkstelligen ist, sehen wir später) mit der Konzentration p'. Es gilt also

$$p = p_0 + p' \tag{32.74}$$

und, da der Kristall neutral bleiben muß (s. unten),

$$n = n_0 + p' . \tag{32.75}$$

Durch Einsetzen in Gl. (32.71) folgt unter Berücksichtigung von Gl. (32.72)

$$\frac{dp}{dt} = r p_0 n_0 - r(p_0 + p')(n_0 + p') . \tag{32.76}$$

Da p_0 gemäß Definition zeitlich konstant ist und

$$p' \ll p_0 \tag{32.77}$$

angenommen werden soll, ergibt sich schließlich

$$\frac{dp'}{dt} = -r(p_0 + n_0)\, p' . \tag{32.78}$$

Der Ansatz (32.71) gilt aber nur für extrem reine und einwandfreie Einkristalle. Im allgemeinen erfolgt nämlich die Rekombination nicht durch direkte Übergänge zum Valenzband, sondern über Rekombinationszentren, und Gl. (32.71) ist durch

$$\frac{dp}{dt} = g - r_R p \tag{32.79}$$

zu ersetzen, wobei r_R eine Konstante darstellt, die u. a. von der Zahl der Rekombinationszentren abhängt. Mit Gl. (32.74) folgt dann sofort

$$\frac{dp'}{dt} = -r_R p' . \tag{32.80}$$

da im thermischen Gleichgewicht $dp/dt = 0$, also $g = r_R p_0$

gelten muß. Für die Gleichungen (32.78) und (32.80) schreiben wir einheitlich

$$\frac{dp'}{dt} = -\frac{p'}{\tau_p} \tag{32.81}$$

und bezeichnen die hierdurch definierte Größe τ_p als mittlere Lebensdauer der Defektelektronen im n-leitenden Material. Für Germanium und Silizium liegt τ_p (ebenso wie τ_n, s. unten) im Bereich von $10^{-9} \dots 10^{-3}$ s. In diesem Zusammenhang muß betont werden, daß sowohl Gl. (32.78) als auch Gl. (32.79) einfache Modelle für relativ komplizierte Vorgänge darstellen, die aber meist mit genügender Genauigkeit durch Gl. (32.81) beschrieben werden können. Eine wichtige Komplikation soll dabei nicht unerwähnt bleiben, und zwar ist es die Tatsache, daß Rekombinationen oft mit einer viel größeren Geschwindigkeit an der Halbleiteroberfläche als im Inneren stattfinden. Nennen wir τ_{ps} die mittlere Lebensdauer bezüglich einer Rekombination an der Oberfläche, dann gilt näherungsweise für die effektive Lebensdauer

$$\frac{1}{\tau_{p\,eff}} = \frac{1}{\tau_p} + \frac{1}{\tau_{ps}}, \tag{32.82}$$

da sich die Übergangswahrscheinlichkeiten, die den entsprechenden Lebensdauern umgekehrt proportional sind, addieren. τ_{ps} hängt natürlich nicht nur vom Material, sondern auch von der Geometrie des Kristalls und der Oberflächenbeschaffenheit ab und kann beispielsweise durch Sandstrahlen oder Ätzen wesentlich geändert werden.[5])

[5]) Eine exakte Behandlung muß von der Gl. (32.91) ausgehen, wobei am Rand des Halbleiters die Stromdichte eine zusätzliche Komponente senkrecht zur Oberfläche erhält. Für diese Komponente gilt

$$j_{p\perp} = e s_p (p - p_0).$$

s_p bezeichnet dabei die sogenannte Oberflächenkombinationsgeschwindigkeit und $p - p_0$ die Überschußkonzentration der Defektelektronen unmittelbar unter der Oberfläche. Für Germanium bei Zimmertemperatur gilt beispielsweise nach Sandstrahlen $s_p = 22 \text{ m s}^{-1}$ und nach einem Salzsäurebad $s_p = 2{,}4 \text{ m s}^{-1}$.

Die Konzentration p ist im allgemeinen nicht nur eine Funktion der Zeit, sondern auch des Ortes. Um die zeitlichen Änderungen von p, die aus dieser Tatsache folgen, berechnen zu können, gehen wir zunächst von dem in

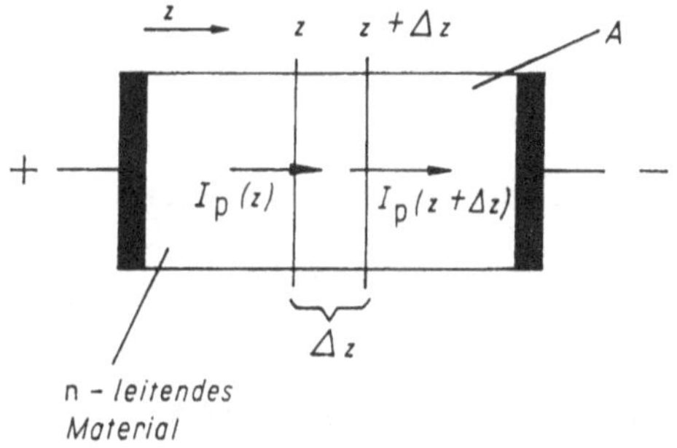

Abb. 32.14. Zur Ableitung der verallgemeinerten Kontinuitätsgleichung im eindimensionalen Fall
Die Spannung soll mit Hilfe ohmscher, d. h. nichtgleichrichtender Kontakte angelegt werden

Abb. 32.14 dargestellten eindimensionalen Problem aus. p soll also außer von der Zeit t nur noch von einer Ortskoordinate (z) abhängen.

Wir bezeichnen mit A die Querschnittsfläche des Kristalls und mit I_p den Stromanteil, der von den Defektelektronen herrührt. Dann ist die Anzahl der Defektelektronen, die in der Zeiteinheit infolge des Stromes I_p zu den Elektrizitätsträgern im Raumgebiet $A\,\Delta z$ hinzukommen, gleich

$$\frac{1}{e}\left(I_p(z) - I_p(z + \Delta z)\right), \tag{32.83}$$

und für die sekundliche Zunahme der Konzentration

in diesem Gebiet gilt

$$\begin{aligned}\frac{\partial p}{\partial t} &= \frac{1}{A\Delta z}\frac{1}{e}\left(I_p(z) - I_p(z+\Delta z)\right)\\ &= \frac{1}{eA\Delta z}\left(-\frac{\partial I_p}{\partial z}\Delta z\right)\\ &= -\frac{1}{eA}\frac{\partial I_p}{\partial z}.\end{aligned} \tag{32.84}$$

Wegen der unmittelbar verständlichen Beziehung

$$\frac{\partial p}{\partial t} = \left(\frac{\partial p}{\partial t}\right)_{\substack{\text{Rekombination}\\ +\text{ Paarbildung}}} + \left(\frac{\partial p}{\partial t}\right)_{\text{Strom}} \tag{32.85}$$

folgt unter Verwendung der Gleichungen (32.81), (32.74) und (32.84)

$$\frac{\partial p}{\partial t} = -\frac{p-p_0}{\tau_p} - \frac{1}{eA}\frac{\partial I_p}{\partial z}. \tag{32.86}$$

Der Strom I_p selbst besteht im allgemeinen auch aus zwei Anteilen, und zwar dem Driftstrom $I_p^{(E)}$ infolge eines elektrischen Feldes, dessen z-Komponente wir mit E_z bezeichnen, und dem Diffusionsstrom $I_p^{(D)}$.

Bei Abwesenheit eines elektrischen Feldes gilt auf Grund der Definition des Diffusionskoeffizienten D_p für die Zahl der Defektelektronen, die pro Zeiteinheit durch die Fläche A hindurchtreten,

$$AD_p\left(-\frac{\partial p}{\partial z}\right), \tag{32.87}$$

so daß

$$I_p^{(D)} = eAD_p\left(-\frac{\partial p}{\partial z}\right) \tag{32.88}$$

folgt. Mit der schon verwendeten Beziehung

$$I_p^{(E)} = Ae\mu_p p E_z \tag{32.89}$$

für den Driftstrom [vgl. Gl. (32.8)], wobei μ_p die Beweglichkeit der Defektelektronen bezeichnet, erhalten wir also

$$I_p = I_p^{(E)} + I_p^{(D)} = Ae\left(\mu_p p E_z - D_p \frac{\partial p}{\partial z}\right). \tag{32.90}$$

Die Erweiterung der Gleichungen (32.86) und (32.90) auf drei Dimensionen führt in leicht ersichtlicher Weise zu den Beziehungen

$$\frac{\partial p}{\partial t} = -\frac{p - p_0}{\tau_p} - \frac{1}{e}\operatorname{div}\boldsymbol{j}_p, \tag{32.91}$$

$$\boldsymbol{j}_p = e\mu_p p\,\boldsymbol{E} - eD_p \operatorname{grad} p, \tag{32.92}$$

in denen $\boldsymbol{E}$ den Vektor der elektrischen Feldstärke und $\boldsymbol{j}_p$ den Vektor der Defektelektronenstromdichte bezeichnet. Gl. (32.91) stellt die verallgemeinerte Form der bekannten Kontinuitätsgleichung und Gl. (32.92) das verallgemeinerte OHMsche Gesetz in der differentiellen Schreibweise dar.

Der Diffusionskoeffizient D_p und die Beweglichkeit μ_p sind nicht unabhängig voneinander, sondern es besteht ein einfacher Zusammenhang, die sog. EINSTEINsche Beziehung

$$\mu_p = \frac{e}{kT} D_p. \tag{32.93}$$

Zur Ableitung betrachten wir den n-Halbleiter der Abb. 32.14, S. 47, für den Fall, daß die Konzentration p in der linken Hälfte größer als in der rechten Hälfte ist. Der dadurch entstehende Diffusionsstrom $I_p^{(D)}$ in positiver z-Richtung werde nun gerade durch den Driftstrom $I_p^{(E)}$ infolge einer Gegenspannung geeigneter Größe kompensiert (vgl. Abb. 32.15). Es muß also

$$\mu_p p\, E_z = D_p \frac{\partial p}{\partial z} \tag{32.94}$$

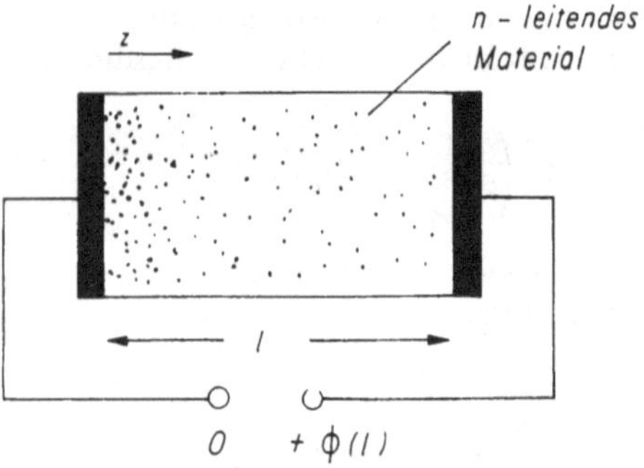

Abb. 32.15. Zur Ableitung der EINSTEINschen Beziehung
Die Punkte stellen Minoritätsträger (Defektelektronen) dar

gelten. Führen wir das elektrische Potential $\Phi(z)$ mit Hilfe der bekannten Beziehung [vgl. Teil I, Gl. (2.9)]

$$E_z = -\frac{\mathrm{d}\Phi}{\mathrm{d}z} \tag{32.95}$$

ein, so folgt

$$-\frac{\mu_p}{D_p}\,\mathrm{d}\Phi = \frac{\mathrm{d}p}{p} \tag{32.96}$$

oder

$$p(z) = p(z = 0)\exp\left(-\frac{\mu_p}{D_p}\,\Phi(z)\right). \tag{32.97}$$

Da sich das System im thermischen Gleichgewicht befindet, muß aber auf Grund der BOLTZMANN-Verteilung für p auch

$$\frac{p(z)}{p(z = 0)} = \exp\left(\frac{-e\Phi(z)}{kT}\right) \tag{32.98}$$

gelten, woraus man durch einen Vergleich mit (Gl. 32.97) sofort die EINSTEINsche Beziehung erhält.

Die bisherigen Betrachtungen gelten für Defektelektronen in n-leitendem Material. Sie lassen sich aber auch auf Elektronen in p-Halbleitern übertragen, wobei lediglich beachtet werden muß, daß die Ladung der Elektronen im Gegensatz zu derjenigen der Defektelektronen negativ ($-e$) ist. Man erhält dann an Stelle der Gleichungen (32.86) und (32.90)

$$\frac{\partial n}{\partial t} = -\frac{n - n_0}{\tau_n} + \frac{1}{eA}\frac{\partial I_n}{\partial z}, \qquad (32.99)$$

$$I_n = Ae\left(\mu_n n E_z + D_n \frac{\partial n}{\partial z}\right) \qquad (32.100)$$

bzw. durch Erweiterung auf drei Dimensionen

$$\frac{\partial n}{\partial t} = -\frac{n - n_0}{\tau_n} + \frac{1}{e}\operatorname{div}\boldsymbol{j}_n \qquad (32.101)$$

$$\boldsymbol{j}_n = e\mu_n n\boldsymbol{E} + eD_n \operatorname{grad} n \qquad (32.102)$$

sowie an Stelle von (Gl. 32.93)

$$\mu_n = \frac{e}{kT} D_n. \qquad (32.103)$$

Dabei bezeichnet τ_n die mittlere Lebensdauer, μ_n die Beweglichkeit, D_n den Diffusionskoeffizienten, n die Konzentration, n_0 den thermischen Gleichgewichtswert der Konzentration, I_n den Strom und $\boldsymbol{j}_n$ die Stromdichte der Elektronen. In Tab. 32.7 sind die Diffusionskoeffizienten der Elektronen (D_n) und Defektelektronen (D_p) für Germanium und Silizium bei Zimmertemperatur angegeben.

Tabelle 32.7

Diffusionskoeffizienten der Elektronen (D_n) und Defektelektronen (D_p) bei Zimmertemperatur für Silizium und Germanium

$D_{nGe} = (100{,}6 \pm 2{,}6)\ 10^{-4}\ \mathrm{m^2\,s^{-1}}$	$D_{pGe} = (49 \pm 1{,}3)\ 10^{-4}\ \mathrm{m^2\,s^{-1}}$
$D_{nSi} = (34{,}8 \pm 2{,}6)\ 10^{-4}\ \mathrm{m^2\,s^{-1}}$	$D_{pSi} = (12{,}4 \pm 0{,}4)\ 10^{-4}\ \mathrm{m^2\,s^{-1}}$

Bei den bisherigen Betrachtungen, die zu den Gleichungen (32.91), (32.92) und (32.101), (32.102) führten, haben wir lediglich an einer Stelle eine Voraussetzung über die Konzentration der anderen Trägersorte machen müssen, und zwar bei der Ableitung von Gl. (32.78). Wir forderten nämlich [Gl. (32.75)], daß der Kristall in jedem Zeitpunkt neutral bleibt oder, mit anderen Worten, daß die hierfür erforderlichen Konzentrationsänderungen der anderen Trägersorte viel schneller als die der betrachteten Elektrizitätsträger erfolgen. Dies ist aber (wie wir noch zeigen werden) nur möglich, wenn die andere Trägersorte eine viel größere Gleichgewichtskonzentration (n_0 bzw. p_0) besitzt.

Die abgeleiteten Gleichungen würden damit nur für Minoritätsträger (Defektelektronen in n-leitendem Material oder Elektronen in p-leitendem Material) gelten. Verzichtet man aber auf Gl. (32.78) und nimmt die Beziehung (32.81) als gegeben hin, dann gelten die abgeleiteten Gleichungen auch für Majoritätsträger (Defektelektronen in p-leitendem oder Elektronen in n-leitendem Material), wobei aber jetzt zur elektrischen Feldstärke $\boldsymbol{E}$ im Halbleiter auch die nichtkompensierten Ladungen beitragen.

Zum Beweis, daß die Konzentrationsänderungen der Majoritätsträger viel schneller erfolgen als die der Minoritätsträger, betrachten wir Elektronen in einem n-leitenden Material, die einen Überschuß $p' = p - p_0$ von Defektelektronen an der Stelle z kompensieren sollen. Zur Behandlung dieses Problems müssen wir neben der Voraussetzung

$$|n - n_0|,\ p' \ll n_0 \qquad (32.104)$$

die Gln. (32.99) und (32.100) sowie die MAXWELLsche Gleichung [vgl. Teil I Gln. (1.2) und (1.5)]

$$\frac{\partial E_z}{\partial z} = \frac{e}{\varepsilon \varepsilon_0} (p' - n + n_0) \qquad (32.105)$$

heranziehen, wobei die drei Terme auf der rechten Seite

die Ladungsdichte der Defektelektronen (ep'), der Elektronen ($-en$) und der Donatoren (en_0) berücksichtigen. Durch Einsetzen von Gl. (32.105) in die nach z differenzierte Gl. (32.100) ergibt sich unter Beachtung von (32.104)

$$\frac{\partial I_n}{\partial z} = Ae\mu_n n_0 \frac{e}{\varepsilon\varepsilon_0}(p' - n + n_0) + AeD_n \frac{\partial^2 n}{\partial z^2}. \quad (32.106)$$

Diese Beziehung in Gl. (32.99) eingesetzt liefert

$$\frac{\partial n}{\partial t} = -\frac{n - n_0}{\tau_n} + \frac{\mu_n n_0 e}{\varepsilon\varepsilon_0}(p' - n + n_0) + D_n \frac{\partial^2 n}{\partial z^2}$$

$$\approx -\frac{\mu_n n_0 e}{\varepsilon\varepsilon_0}\left(n - (p' + n_0)\right), \quad (32.107)$$

wofür wir mit Gl. (32.6) schreiben können

$$\frac{\partial n}{\partial t} = -\frac{\sigma_n}{\varepsilon\varepsilon_0}\left(n - (p' + n_0)\right). \quad (32.108)$$

Die Lösung dieser Differentialgleichung lautet wegen $n(0) = n_0$

$$n(t) = n_0 + p'\left(1 - \exp\left(-\frac{\sigma_n}{\varepsilon\varepsilon_0} t\right)\right). \quad (32.109)$$

Die Zeitkonstante, mit der die Majoritätsträger (Elektronen) eine Abweichung der Minoritätsträgerkonzentration vom thermischen Gleichgewichtswert ($p' = p - p_0$) kompensieren, wird als dielektrische Relaxationszeit

$$T_n = \frac{\varepsilon\varepsilon_0}{\sigma_n} = \frac{\varepsilon\varepsilon_0}{\mu_n n_0 e} \quad (32.110)$$

bezeichnet. Sie ist umgekehrt proportional der Gleichgewichtskonzentration der Majoritätsträger (n_0) und liegt bei üblichen Dotierungen in der Größenordnung von 10^{-12} s.

Aufgabe:

Man berechne die dielektrische Relaxationszeit T_n für n-leitendes Germanium mit einer Leitfähigkeit von $100\,\Omega^{-1}\,m^{-1}$ und der Dielektrizitätskonstanten $\varepsilon = 16$.

Lösung: $T_n \approx 1{,}4 \cdot 10^{-12}$ s.

Wenn man also einen Defektelektronenüberschuß an einer bestimmten Stelle in n-leitendes Material injiziert, so wird zunächst im Leitungsband mit der sehr kurzen Zeitkonstanten T_n eine solche Konzentrationsverschiebung erfolgen, daß der Halbleiter örtlich neutral bleibt. Dazu müssen gleichzeitig mit derselben kurzen Zeitkonstanten so viele Elektronen über die ohmschen Kontakte zuwandern, daß die Gesamtzahl der injizierten Defektelektronen kompensiert wird und der Halbleiter auch als Ganzes wieder ungeladen ist. Anschließend verteilt sich dann der Defektelektronenüberschuß gemäß den Gleichungen (32.91) und (32.92) über den Halbleiter, wobei $\boldsymbol{E}$ infolge der inneren Neutralität nur durch eine evtl. angelegte äußere Spannung bestimmt wird, und klingt mit der Zeitkonstanten τ_p ab.

33. Metall-Halbleiter-Dioden

33.1. *Ohmsche und gleichrichtende Kontakte*

Wie man durch Betrachtung der Gl. (32.13) erkennt, stellt die FERMIsche Grenzenergie E_F ein Maß dafür dar, bis zu welchen Energien die erlaubten Elektronenzustände eines Körpers mit Elektronen besetzt sind. Für $T = 0$ ist nämlich E_F die höchste Energie, die (bei voller Besetzung aller tieferen Energieniveaus) noch vorkommt. Für $T > 0$ gelangen zwar auch einige Elektronen infolge der thermischen Bewegung auf höhere Energieniveaus, jedoch bleibt E_F die Grenze, von der ab die Besetzungswahrscheinlichkeit kleiner als $^1/_2$ wird. Bringt man nun zwei Körper mit verschiedenen FERMIschen Grenzenergien in innige Berührung (Kontakt), so werden Elektronen von den höheren Niveaus des einen Körpers in die unbesetzten tieferen Niveaus des anderen Körpers fließen, da hierdurch Energie frei wird. Dieser Prozeß dauert so lange, bis die Besetzungswahrscheinlichkeiten der Energieniveaus gleicher Höhe gleichgroß sind, d. h., der eine Körper lädt sich gegenüber dem anderen so weit elektrisch auf, bis die hierdurch entstehende Potentialdifferenz ausreicht, um die FERMIschen Grenzenergien der beiden Körper auf gleiche Höhe zu bringen. Zur Darstellung dieser Verhältnisse verwenden wir wieder das Bändermodell und definieren zunächst die Austrittsarbeit bei einem Metall. Darunter versteht man diejenige Energie, die einem Elektron mit der FERMIschen Grenzenergie zugeführt werden muß, damit es gerade noch das Metall verlassen kann, d. h. nach dem Austritt die Geschwindigkeit Null besitzt. Aus Abb. 33.1 folgt also für die Austrittsarbeit, die wir mit $e\Phi$ bezeichnen wollen, wobei e der Betrag der Ladung eines Elektrons ist,

$$e\Phi = E_0 - E_F. \tag{33.1}$$

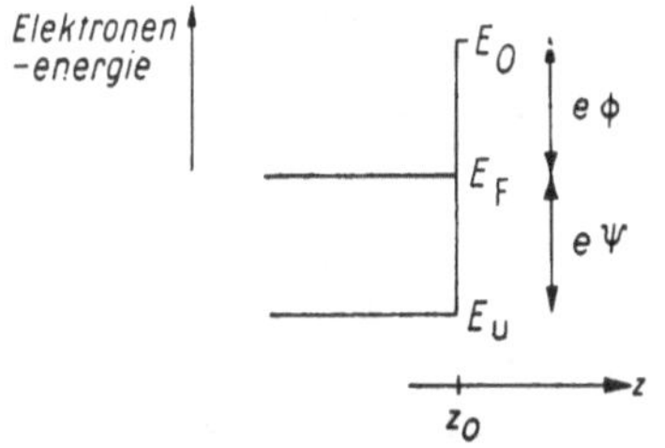

Abb. 33.1. Zur Definition der Austrittsarbeit bei einem Metall
z stellt die Ortskoordinate senkrecht zur Metalloberfläche dar, die bei $z = z_0$ liegt; Elektronen mit einer Energie größer (kleiner) als E_0 sind frei (im Metall gebunden); E_u ist die untere Bandkante, die bei Halbleitern mit E_L bezeichnet wird

Die Größe

$$\Psi = \frac{E_F - E_u}{e} \tag{33.2}$$

nennt man das innere Potential. Nun bringen wir zwei verschiedene Metalle (*1* und *2*) zur Berührung, denen wir wegen der bequemeren Darstellung die in Abb. 33.2*a*

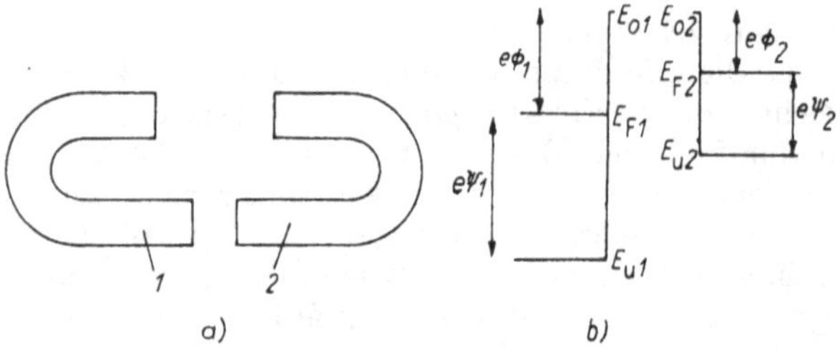

Abb. 33.2. Zwei verschiedene Metalle (1 und 2) vor der Berührung
a) gewählte Form der beiden Metalle; b) Bändermodell

gezeigte Form geben wollen. Die Metalle seien zunächst ungeladen, so daß sich zwischen ihnen vor der Berührung kein elektrisches Feld ausbildet. Dann müssen aber die beiden Energien E_{01} und E_{02} übereinstimmen; denn ein Elektron mit der Energie E_0 sollte ja definitionsgemäß außerhalb des Metalls die kinetische Energie Null besitzen. Nach der Berührung fließen so lange Elektronen vom Metall *2* (vgl. Abb. 33.2*b*) zum Metall *1*, bis die

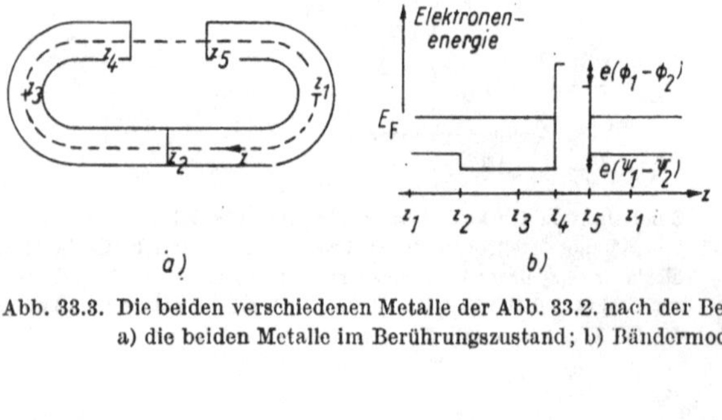

Abb. 33.3. Die beiden verschiedenen Metalle der Abb. 33.2. nach der Berührung
a) die beiden Metalle im Berührungszustand; b) Bändermodell

beiden FERMIschen Grenzenergien auf gleicher Höhe liegen. Das zugehörige Bändermodell zeigt Abb. 33.3*b*. Die Größe

$$\Phi_1 - \Phi_2 = \Phi_K \tag{33.3}$$

wird Kontaktpotential oder auch VOLTA-Spannung genannt und die Differenz

$$\Psi_1 - \Psi_2 = \Psi_G \tag{33.4}$$

GALVANI-Spannung. Für unsere weiteren Betrachtungen hat Ψ_G keine Bedeutung; ihre Temperaturabhängigkeit ist aber wichtig für den thermoelektrischen Effekt. Bei einem Halbleiter (vgl. Abb. 33.4) definiert man außer der üblichen Austrittsarbeit

$$e\Phi = E_0 - E_F \tag{33.5}$$

noch die sog. innere ($e\Phi_i$) und die äußere Austrittsarbeit ($e\Phi_a$) durch die Gleichungen

$$e\Phi_i = E_L - E_F \tag{33.6}$$

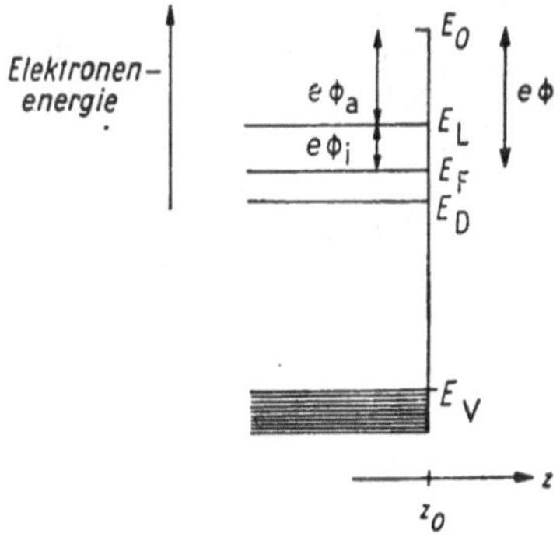

Abb. 33.4. Zur Definition der Austrittsarbeiten bei einem Halbleiter
E_L ist die untere Grenze des Leitungsbandes, E_D die Energie der Donatorniveaus und E_V die obere Grenze des Valenzbandes; z bezeichnet die Ortskoordinate senkrecht zur Halbleiteroberfläche, die bei $z = z_0$ liegt

und

$$e\Phi_a = E_0 - E_L. \tag{33.7}$$

Es erscheint bemerkenswert, daß die im Teil II, Abschnitt 8, abgeleitete Gleichung für die Sättigungsstromdichte j_s bei thermischer Emission,

$$j_s \propto \exp\left(-\frac{e\Phi}{kT}\right), \tag{33.8}$$

natürlich auch für Halbleiter gilt und zur Bestimmung der Austrittsarbeit $e\Phi$ durch logarithmische Darstellung von j_s über $1/T$ herangezogen werden kann (k = Boltzmann-Konstante).

Bei der Berührung zwischen Metall und Halbleiter müssen wir vier Fälle unterscheiden, und zwar je nachdem, ob es sich um n- oder p-leitendes Material handelt und ob die Austrittsarbeit des Metalls größer oder kleiner als die des Halbleiters ist. Wir beginnen mit dem Kontakt zwischen *Metall und n-Halbleiter* für den Fall $\Phi_{\text{Metall}} > \Phi_{\text{Halbleiter}}$. Vor der Berührung erhalten wir also das in Abb. 33.5. dargestellte Bändermodell, da beide Körper zunächst elektrisch neutral sein sollen.

Die Fermischen Grenzenergien und die Austrittsarbeiten sind dabei durch die Indizes M (Metall) und H (Halbleiter) unterschieden. Nach der Berührung fließen so lange Elektronen vom Halbleiter zum Metall, bis die entstehende Potentialdifferenz die Fermischen Grenzenergien auf gleiches Niveau gebracht hat. Während die

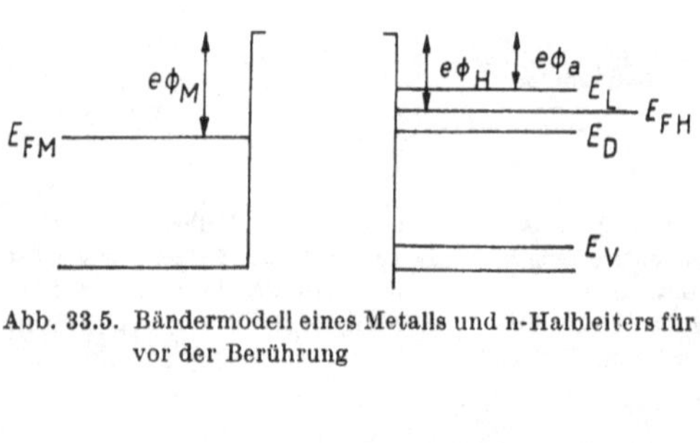

Abb. 33.5. Bändermodell eines Metalls und n-Halbleiters für den Fall $\Phi_M > \Phi_H$ vor der Berührung

negative Ladung des Metalls als Folge der zugewanderten Elektronen in Form einer Oberflächenladung vorliegt, wird die positive Ladung des Halbleiters durch die nicht mehr kompensierten Donatoren gebildet, die wegen ihrer räumlichen Lokalisierung Anlaß zu einer Raumladung geben. Diese Raumladung erstreckt sich um so tiefer in den Halbleiter hinein, je geringer die Donatorenkonzentration ist. Die Verschiebung der Energieniveaus (so

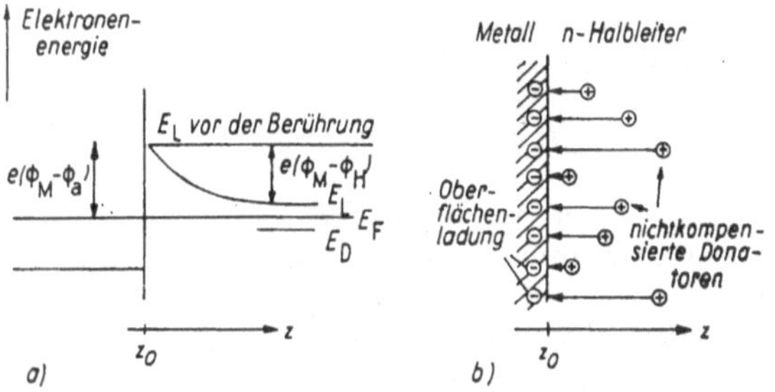

Abb. 33.6. Berührung Metall – n-Halbleiter
a) Bändermodell eines Metalls und n-Halbleiters für den Fall $\Phi_M > \Phi_H$ nach der Berührung; b) zur Entstehung der Bandverbiegung im Halbleiter

daß die Fermischen Grenzenergien auf gleiche Höhe kommen) erfolgt also an der Kontaktstelle auf der Seite des Halbleiters nicht sprunghaft, sondern allmählich, wie es in Abb. 33.6 dargestellt ist.

In der Nähe der Oberfläche sind also die Energiebänder des Halbleiters „verbogen", und man spricht von einer Bandverbiegung in der Randschicht. Die Größe $\Phi_M - \Phi_H$ wird als Diffusionsspannung bezeichnet und das Gebiet der Raumladung als Sperrschicht. Ihre Breite hängt von der Donatorkonzentration n_D und der Diffusionsspannung $\Phi_M - \Phi_H$ ab. Wir werden sie im nächsten Abschnitt berechnen. Infolge der thermischen Bewegung [vgl. Gl. (32.13) für $T > 0$] gibt es natürlich auch nach der Einstellung des Gleichgewichtszustandes ($E_{FM} = E_{FH}$) noch

Elektronen, deren Energie so groß ist, daß sie vom Halbleiter nach dem Metall wandern. Der Gleichgewichtszustand wird aber gerade dadurch charakterisiert, daß ebenso viele Elektronen pro Zeiteinheit auch vom Metall zum Halbleiter übertreten. Es existiert also in diesem Fall ein Elektronenstrom I_s von rechts nach links und ein gleichgroßer von links nach rechts, so daß der Gesamtstrom Null ist. Aus bald ersichtlichen Gründen bezeichnet man I_s als Sättigungsstrom des Kontakts.

Wir legen jetzt an den Halbleiter eine Spannung gegenüber dem Metall, und zwar zunächst

$$U = -U_- \qquad \text{mit } U_- > 0 . \tag{33.9}$$

Dann werden (wegen der negativen Ladung der Elektronen) alle Energieniveaus im Halbleiter nach höheren Werten verschoben (vgl. Abb. 33.7a), und die Potentialschwelle für den Übergang der Elektronen vom Halbleiter zum Metall verringert sich. Der Elektronenstrom in dieser Richtung überwiegt also I_s um so mehr, je größer U_- ist: Der Kontakt ist in Durchlaßrichtung (Flußrich-

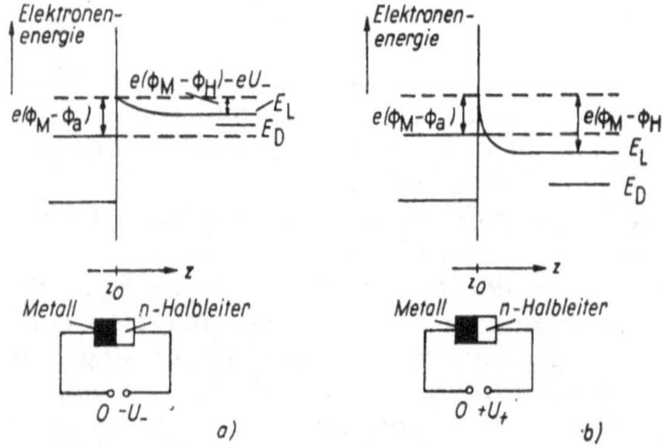

Abb. 33.7. Bändermodell eines Metall—n-Halbleiter-Kontaktes für $\Phi_M > \Phi_H$ bei Vorspannung in Durchlaßrichtung (a) bzw. in Sperrichtung (b), U_- und U_- sind positive Größen

tung) vorgespannt. Im anderen Fall

$$U = U_+ \qquad \text{mit } U_+ > 0 \tag{33.10}$$

vergrößert sich dagegen die Potentialschwelle, und der Elektronenstrom vom Halbleiter zum Metall geht nach Null. Der Elektronenstrom in entgegengesetzter Richtung (I_s) bleibt davon unberührt und stellt damit den Sättigungsstrom des Kontakts dar. Man sagt, der Kontakt ist in Sperrichtung vorgespannt (vgl. Abb. 33.7*b*).

Die FERMIsche Grenzenergie E_F tritt in Abb. 33.7 nicht mehr auf, da diese Größe ja nur für das thermische Gleichgewicht definiert ist. In der Halbleiterphysik führt man dann oft das sog. Quasi-FERMI-Niveau als Verteilungsparameter der vorliegenden Elektronendichte ein, das natürlich nicht mehr ortsunabhängig sein kann. Wir wollen hierauf aber nicht näher eingehen und verweisen auf die Literatur [G 1].

Als nächsten Fall haben wir den Kontakt zwischen *Metall und n-Halbleiter* für $\Phi_{\text{Metall}} < \Phi_{\text{Halbleiter}}$ zu untersuchen. Die Bändermodelle vor der Berührung zeigt Abb. 33.8.

Nach der Kontaktgebung fließen Elektronen so lange vom Metall zum Halbleiter, bis die entstehende Potentialdifferenz, infolge der negativen Aufladung des Halbleiters, dessen Energieniveaus hinreichend weit nach oben verschoben hat. Wie wir wissen, ist der Gleichgewichtszustand dann erreicht, wenn die FERMIschen Grenzenergien

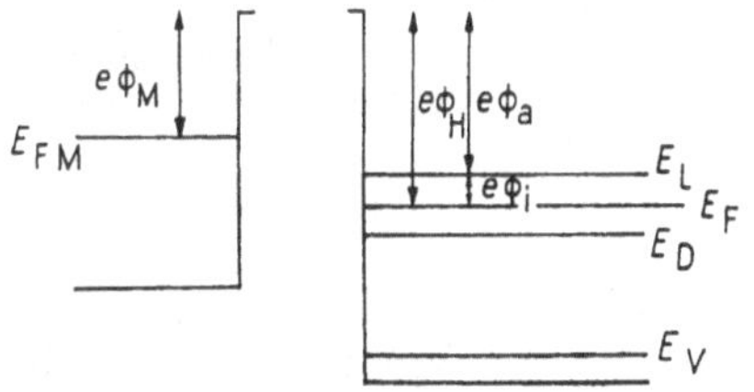

Abb. 33.8. Bändermodell eines Metalls und n-Halbleiters für den Fall $\Phi_M < \Phi_H$ vor der Berührung

auf gleicher Höhe liegen. Im Gegensatz zum vorigen Fall bildet sich hier keine Sperrschicht aus, da die zurückbleibende positive Ladung nach Abwanderung der Elektronen von den nichtkompensierten positiven Atomrümpfen des Metalls gebildet wird. Deren gegenseitiger Abstand ist aber so gering, d. h. die Dichte so groß, daß nicht nur die in den Halbleiter übergetretenen Elektronen, sondern auch die nichtkompensierten Atom-

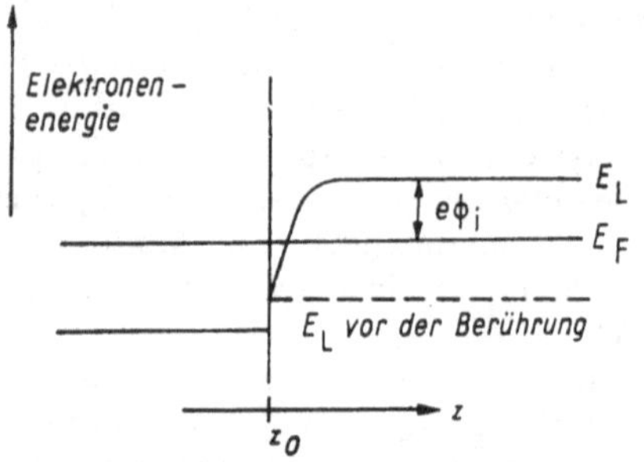

Abb. 33.9. Bändermodell eines Metalls und eines n-Halbleiters für den Fall $\Phi_M < \Phi_H$ nach Berührung

rümpfe praktisch Oberflächenladungen darstellen. Die Bandverbiegung erfolgt also an der Kontaktstelle nahezu sprunghaft (vgl. Abb. 33.9), und es entsteht kein Potentialwall. Bei Anlegen einer Spannung zwischen Metall und Halbleiter ergibt sich die in Abb. 33.10 dargestellte Bandverbiegung, da wegen des höheren spezifischen Widerstandes der Spannungsabfall sich im wesentlichen am Halbleiter ausbildet. Eine Gleichrichterwirkung kommt nicht zustande, d. h., es handelt sich um einen ohmschen Kontakt.

Bevor wir mit der mathematischen Behandlung beginnen, wollen wir noch einige Ergänzungen anfügen:

1. Man sollte auf Grund der obigen Überlegungen erwarten, daß bei einem gleichrichtenden Metall—n-Halb-

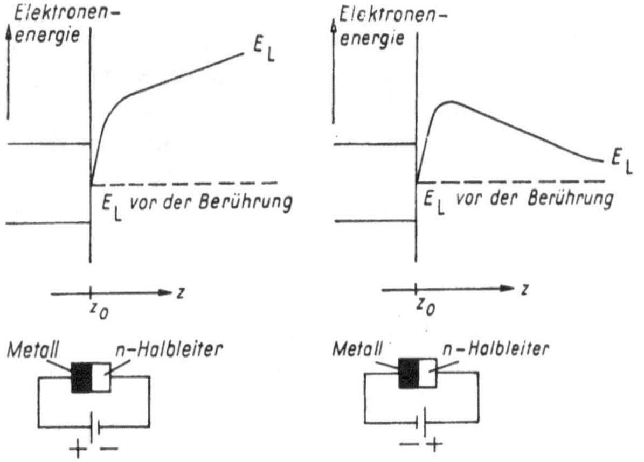

Abb. 33.10. Bändermodell eines Metall–n-Halbleiter-Kontaktes für $\Phi_M < \Phi_H$ bei Vorspannungen verschiedenen Vorzeichens

leiter-Kontakt der Sättigungsstrom I_s um so kleiner wird, je größer die Austrittsarbeit des Metalls ($e\Phi_M$) ist; denn die Höhe des Potentialwalls [$e(\Phi_M - \Phi_H)$, vgl. Abb. 33.6*a*, S. 59] wächst ja mit Φ_M. Experimentell findet man aber durchaus nicht immer eine solche Abhängigkeit, und insbesondere bei Germaniumspitzendioden ist die Strom-Spannungs-Kennlinie nahezu unabhängig von der Austrittsarbeit des verwendeten Metalls. Ursache dieser Erscheinung sind die sog. Oberflächenzustände. Dabei handelt es sich um zusätzliche erlaubte Energieniveaus in der verbotenen Zone des Halbleiters, die an der Oberfläche lokalisiert sind. Diese Niveaus werden im allgemeinen mit Elektronen des Leitungsbandes besetzt, so daß sich auch ohne Metall schon ein Potentialwall an der Oberfläche des Halbleiters ausbildet. Die Berührung mit dem Metall bewirkt dann lediglich eine mehr oder weniger starke Leerung dieser Oberflächenzustände.

2. Auch für $\Phi_M > \Phi_H$ läßt sich ein ohmscher Kontakt erzeugen, indem man die Donatorenkonzentration an der

Halbleiteroberfläche stark erhöht [vgl. den folgenden Abschnitt, Gl. (33.19) ff.] oder durch homogene Legierung (allmählicher Übergang Metall—Halbleiter), wenn das betreffende Metall und der Halbleiter dazu geeignet sind.

3. Die Verhältnisse bei einem Kontakt zwischen Metall und p-leitendem Material können analog zu den obigen Darstellungen behandelt werden und führen auf die in Tab. 33.1 rechts dargestellten Resultate.

Tabelle 33.1

Eigenschaften von Metall-Halbleiter-Kontakten

	Metall/n-Halbleiter	Metall/p-Halbleiter
Gleichrichtender Kontakt	$\Phi_M > \Phi_H$	$\Phi_M < \Phi_H$
Ohmscher Kontakt	$\Phi_M < \Phi_H$	$\Phi_M > \Phi_H$
Durchlaßrichtung	n-Halbleiter *n*egativ vorgespannt	p-Halbleiter *p*ositiv vorgespannt

4. Von den technischen Anwendungen der gleichrichtenden Metall-Halbleiter-Kontakte sind außer den Selen- und Kupferoxydulgleichrichtern insbesondere die Spitzendioden (Punktkontaktdioden) und die Schottky-Dioden zu erwähnen. Dabei finden vor allem Silizium und Germanium als Halbleitermaterial Verwendung, aber auch die III/V-Verbindungen, wie Galliumarsenid, Indiumantimonid u. a. Der gleichrichtende Kontakt besteht bei den Spitzendioden aus einer dünnen Metallspitze von Wolfram oder Molybdän—Wolfram, die bei Siliziumdioden auf den Kristall drückt und bei Germaniumdioden durch einen entsprechend starken Stromstoß einformiert worden ist. Aus diesem Grund besitzen Siliziumspitzendioden im allgemeinen eine kleinere Kapazität (etwa 0,1 pF) als Germaniumspitzendioden (etwa 1 pF). Die Strom-Spannungs-Kennlinie der letzteren verläuft aber am Nullpunkt günstiger (größere Krümmung), da sie in ihrer Wirkungsweise eher zu den pn-Übergängen (vgl. Abschnitt 3.5.) als zu den gleichrichtenden Metall-Halbleiter-Kontakten zu rechnen sind (s. unten). Der ohmsche Kontakt wird bei Silizium mit Lötzinn und bei Germanium mit Rhodium gebildet.

33.2. Potentialverlauf in der Sperrschicht

Wir betrachten einen gleichrichtenden Metall—n-Halbleiter-Kontakt und geben dem Halbleiter gegenüber dem Metall die Vorspannung $-U$ (vgl. Abb. 33.11*a*). Bezeichnen wir ferner die Richtung senkrecht zum Kontakt als z-Richtung, so ergibt sich der in Abb. 33.11*a* qualitativ dargestellte Potentialverlauf, wenn wir dem Potential Φ an der Metalloberfläche ($z = 0$) den Wert Null zuordnen. Von der Funktion $\Phi(z)$ ist uns lediglich auf Grund der Überlegungen im Abschnitt 33.1 der Grenzwert für

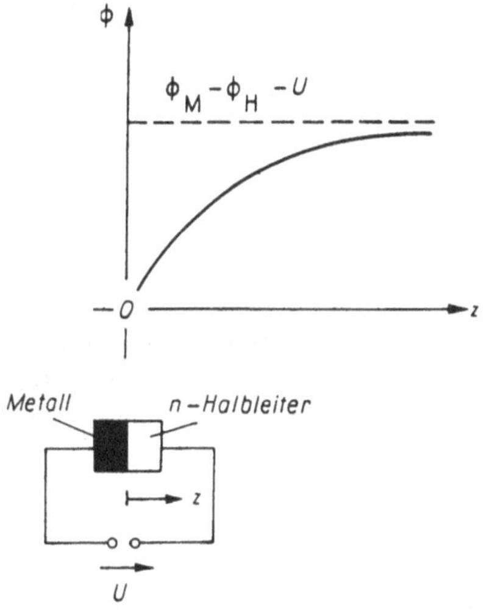

Abb. 33.11a. Potentialverlauf im n-Halbleiter nach Anlegen der Spannung $-U$. Im Gegensatz zu den vorhergehenden Abbildungen (z. B. Abb. 33.7, S. 60) ist das Potential und nicht die Elektronenenergie dargestellt (Vorzeichenwechsel!)

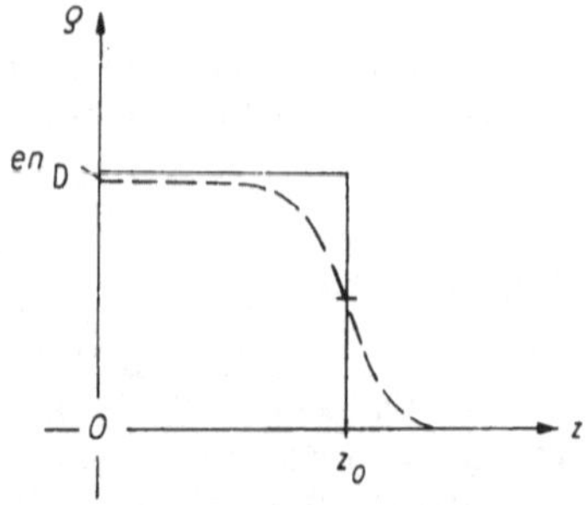

Abb. 33.11b. Tatsächliche Raumladungsdichte (– – –) und die zur Berechnung von $\Phi(z)$ verwendete Näherung (———)

große z bekannt, nämlich

$$\Phi(z \to \infty) = \Phi_M - \Phi_H - U. \tag{33.11}$$

Um die Ortsabhängigkeit zu berechnen, nähern wir die Raumladungsdichte ϱ, die etwa den in Abb. 33.11*b* gestrichelt gezeichneten Verlauf besitzen wird, durch die Funktion

$$\varrho = \begin{cases} en_D & \text{für } 0 \leqq z \leqq z_0 \\ 0 & \text{für } z > z_0 \end{cases} \tag{33.12}$$

an, wobei n_D die Donatorenkonzentration und z_0 die noch zu bestimmende (effektive) Breite der Sperrschicht darstellt. Wie man leicht einsieht, wird diese Näherung gut erfüllt sein, wenn

$$e(\Phi_M - \Phi_H - U) \gg kT \tag{33.13}$$

gilt, was wir im folgenden voraussetzen wollen. e bezeichnet dabei den Betrag der Ladung eines Elektrons, T die absolute Temperatur, k die Boltzmann-Konstante und $e\Phi_M$ bzw. $e\Phi_H$ die Austrittsarbeit des Metalls bzw. des Halbleiters.

Aus der POISSON-Gleichung [vgl. (Teil II, Gl. (11.29)],

$$\frac{d^2\Phi}{dz^2} = -\frac{\varrho}{\varepsilon\varepsilon_0}, \tag{33.14}$$

wobei ε die relative und ε_0 die absolute Dielektrizitätskonstante ist, ergibt sich durch Integration zwischen den Grenzen z_0 und z (für $0 \leqq z \leqq z_0$)

$$\left(\frac{d\Phi}{dz}\right)_z - \left(\frac{d\Phi}{dz}\right)_{z_0} = -\frac{en_D}{\varepsilon\varepsilon_0}(z - z_0) \tag{33.15}$$

oder, da die elektrische Feldstärke $(-d\Phi/dz)$ nur im Gebiet der Raumladung höhere Werte annimmt (außerhalb dieses Gebietes ist die Feldstärke klein und rührt nur von dem Spannungsabfall infolge der endlichen Leitfähigkeit des Halbleitermaterials her),

$$\left(\frac{d\Phi}{dz}\right)_z = \frac{en_D}{\varepsilon\varepsilon_0}(z_0 - z). \tag{33.16}$$

Eine zweite Integration zwischen den Grenzen 0 und z liefert mit $\Phi(z = 0) = 0$

$$\Phi(z) = \frac{en_D}{\varepsilon\varepsilon_0}\left(z_0 z - \frac{z^2}{2}\right). \tag{33.17}$$

Da auf Grund unserer Näherung $\Phi(z)$ bei $z = z_0$ den Grenzwert $\Phi(z \to \infty)$ erreicht haben muß, folgt aus den Gleichungen (33.11) und (33.17)

$$\Phi_M - \Phi_H - U = \frac{en_D z_0^2}{2\varepsilon\varepsilon_0} \tag{33.18}$$

oder für die Breite der Sperrschicht

$$z_0 = \sqrt{\frac{2\varepsilon\varepsilon_0}{en_D}(\Phi_M - \Phi_H - U)}. \tag{33.19}$$

Nennen wir A die Querschnittsfläche des Kontaktes, so ergibt sich für die gesamte Raumladung Q des Halbleiters (dieselbe Ladung, aber mit negativem Vorzeichen, sitzt als Oberflächenladung auf dem Metall)

$$Q = en_{\mathrm{D}} A z_0 = A\sqrt{2\varepsilon\varepsilon_0 e n_{\mathrm{D}} (\Phi_{\mathrm{M}} - \Phi_{\mathrm{H}} - U)}, \qquad (33.20)$$

und wir erhalten für die (differentielle) Kapazität C des Kontaktes

$$C = \frac{\mathrm{d}Q}{\mathrm{d}U} = A\sqrt{\frac{\varepsilon\varepsilon_0 e n_{\mathrm{D}}}{2(\Phi_{\mathrm{M}} - \Phi_{\mathrm{H}} - U)}} = \frac{\varepsilon\varepsilon_0 A}{z_0}. \qquad (33.21)$$

Diese Kapazität läßt sich messen, indem man der Vorspannung U eine kleine (differentielle) Wechselspannung überlagert und mit dieser die Kapazität nach einer der üblichen Methoden bestimmt. Bei bekanntem A kann man auf diese Weise leicht z_0 und durch graphische Darstellung von C^{-2} als Funktion der Vorspannung U die Größen n_{D} und $\Phi_{\mathrm{M}} - \Phi_{\mathrm{H}}$ ermitteln.

Aus Gl. (33.19) sieht man, daß mit wachsender Donatorenkonzentration die Sperrschicht immer schmaler wird, so daß bei genügend großem n_{D} schließlich die Elektronen den Potentialwall auf Grund des quantenmechanischen Tunneleffektes durchtunneln können. Damit verliert der Halbleiter-Metall-Übergang seine gleichrichtenden Eigenschaften und wird zum ohmschen Kontakt.

Aufgabe:

Man berechne für $\Phi_{\mathrm{M}} - \Phi_{\mathrm{H}} = 0{,}8$ V, $\varepsilon = 16$, $n_{\mathrm{D}} = 2 \cdot 10^{24}\ \mathrm{m}^{-3}$, $U = 0$ und $A = 10^{-10}\ \mathrm{m}^2$ die Größen z_0, C und die maximale Feldstärke in der Sperrschicht.

Lösung:

$$z_0 = 2{,}7 \cdot 10^{8}\ \mathrm{m};\ C \approx 0{,}5\ \mathrm{pF};\ \left(\frac{\mathrm{d}\Phi}{\mathrm{d}z}\right)_{\max} = 6 \cdot 10^{7}\ \frac{\mathrm{V}}{\mathrm{m}}.$$

33.3. Strom-Spannungs-Charakteristik

Bei den folgenden Überlegungen bezeichnen wir die effektive Masse der Elektronen im Leitungsband wieder mit m_n und behandeln zwei Grenzfälle, nämlich:

1. Die mittlere freie Weglänge l_0 der Elektronen ist groß gegen die Breite z_0 der Sperrschicht, und

2. l_0 ist klein gegen z_0.

Während man z_0 mit Hilfe von Gl. (33.19) berechnen kann, ergibt sich die mittlere freie Weglänge l_0 näherungsweise aus der Beziehung

$$l_0 \approx \frac{2\mu_n}{e} \sqrt{3kT\, m_n}\,, \tag{33.22}$$

wobei μ_n die Beweglichkeit der Elektronen darstellt. Die Gl. (33.22) erhält man leicht aus

$$l_0 = v_{therm} \cdot \Delta t \tag{33.23}$$

mit der mittleren thermischen Elektronengeschwindigkeit

$$v_{therm} = \sqrt{\frac{3kT}{m_n}} \tag{33.24}$$

und der mittleren Zeit Δt zwischen zwei Elektronenstößen (vgl. Abb. 32.2, S. 16), die sich aus

$$\mu_n E \approx \frac{1}{2} \frac{e}{m_n} E \cdot \Delta t \tag{33.25}$$

ergibt (E = elektrische Feldstärke).

Aufgaben:

1. Man beweise unter Verwendung von Gl. (33.26) und analoger Ausdrücke für die x- und y-Komponenten die Beziehung

$$v_{\text{therm}} = \sqrt{\overline{v_x^2} + \overline{v_y^2} + \overline{v_z^2}} = \sqrt{\frac{3kT}{m_n}}.$$

2. Wie groß ist die mittlere freie Weglänge l_0 für $\mu_n = 0{,}135$ m²/Vs, $T = 290$ K und $m_n \approx 9 \cdot 10^{-31}$ kg?

Lösung: $l_0 \approx 1{,}8 \cdot 10^{-7}$ m.

Wir beginnen mit dem ersten Grenzfall ($l_0 \gg z_0$), der zumindest bei einigen Siliziumspitzendioden erfüllt sein dürfte. Es handelt sich also um einen reinen Emissionsvorgang wie bei der Ableitung des Sättigungsstromgesetzes für Elektronenröhren (vgl. Teil II, Abschnitt 8), und wir benötigen die Anzahl der Elektronen, die den Potentialwall infolge ihrer thermischen Energie überschreiten können.

$\mathrm{d}n_z$ sei die Anzahl der Elektronen im Leitungsband pro Volumeneinheit, deren z-Komponente der Geschwindigkeit in das Intervall v_z bis $v_z + \mathrm{d}v_z$ fällt. Dann gilt unter der Voraussetzung, daß die FERMIsche Grenzenergie E_F hinreichend weit unter der unteren Kante des Leitungsbandes E_L liegt ($E_L - E_F \gg kT$)

$$\mathrm{d}n_z = K \exp\left(-\frac{m_n v_z^2}{2kT}\right) \mathrm{d}v_z, \qquad (33.26)$$

wobei K eine Konstante ist.

Aufgabe:

Man beweise Gl. (33.26) unter Verwendung der Gleichungen (32.13) und (32.29) für $E_i - E_F \geqq E_L - E_F \gg kT$. (Beachte dabei $E_i - E_L = \frac{m_n}{2}\left(\overline{v_x^2} + \overline{v_y^2} + \overline{v_z^2}\right)$)

Die Konstante K ergibt sich leicht aus der Bedingung, daß das Integral über alle v_z gleich der Gesamtanzahl n_0 der Elektronen pro Volumeneinheit im Leitungsband sein muß:

$$n_0 = K \int_{-\infty}^{+\infty} \exp\left(-\frac{m_n v_z^2}{2kT}\right) dv_z$$

$$= K \sqrt{\frac{2kT}{m_n}} \int_{-\infty}^{+\infty} \exp(-\eta^2)\, d\eta = K \sqrt{\frac{2\pi kT}{m_n}}. \qquad (33.27)$$

Da n_0 bei Zimmertemperatur mit der Donatorenkonzentration n_D übereinstimmt, erhalten wir schließlich

$$dn_z = n_D \sqrt{\frac{m_n}{2\pi kT}} \exp\left(-\frac{m_n v_z^2}{2kT}\right) dv_z. \qquad (33.28)$$

Durch eine ebene Fläche A senkrecht zur z-Richtung (Querschnittsfläche des Kontakts) treten dann sekundlich

$$dn_z^{(A)} = A v_z\, dn_z$$

$$= A n_D \sqrt{\frac{m_n}{2\pi kT}} \exp\left(-\frac{m_n v_z^2}{2kT}\right) v_z\, dv_z \qquad (33.29)$$

Elektronen, deren z-Komponente der Geschwindigkeit in das Intervall v_z bis $v_z + dv_z$ fällt. Für die Zahl der Elektronen, die pro Sekunde den Potentialwall vom Halbleiter zum Metall überwinden, folgt also

$$\int_{v_{z\min}}^{+\infty} dn_z^{(A)} = A n_D \sqrt{\frac{m_n}{2\pi kT}} \int_{v_{z\min}}^{\infty} \exp\left(-\frac{m_n v_z^2}{2kT}\right) v_z\, dv_z$$

$$= A n_D \sqrt{\frac{kT}{2\pi m_n}} \exp\left(-\frac{m_n v_{z\min}^2}{2kT}\right), \qquad (33.30)$$

wobei $v_{z\min}$ die Mindestgeschwindigkeit zur Überwindung des Potentialwalls darstellt, die sich aus der Beziehung

$$\frac{m_n}{2} v_{z\min}^2 = e(\Phi_M - \Phi_H - U) \tag{33.31}$$

ergibt. Wir definieren als *positive Richtung* eines Stromes die vom Metall zum Halbleiter. Dies ist sinnvoll, da ja der Halbleiter gegenüber dem Metall mit der Spannung $-U$ vorgespannt sein soll. Eine Bewegung positiver Ladungsträger vom Metall zum Halbleiter erzeugt also einen positiven Strom. Der Strom infolge der Elektronen, die vom Halbleiter zum Metall übertreten, erhält demnach das positive Vorzeichen, und zwar ergibt sich aus den Gleichungen (33.30) und (33.31)

$$I_{H\to M} = eAn_D \sqrt{\frac{kT}{2\pi m_n}} \exp\left(-\frac{e}{kT}(\Phi_M - \Phi_H - U)\right), \tag{33.32}$$

wobei der Index H → M darauf hinweisen soll, daß es sich nur um den Anteil des Stromes handelt, der von den genannten Elektronen herrührt.

Der Stromanteil $I_{M\to H}$ infolge der vom Metall zum Halbleiter übertretenden Elektronen hängt nicht von U ab. Einerseits verändern nämlich die zusätzlichen bzw. fehlenden Elektronen die Besetzung der oberen Niveaus wegen der Vielzahl erlaubter Zustände im Metall nur unmerklich, und andererseits bleibt die Höhe des Potentialwalls auf der Metallseite konstant (vgl. Abb. 33.7, S. 60). Da außerdem der Gesamtstrom I für $U = 0$ verschwinden muß, folgt

$$I_{M\to H} = -I_{H\to M}(U = 0), \tag{33.33}$$

und wir erhalten

$$I = I_{H\to M} + I_{M\to H} = I_s\left(\exp\left(\frac{eU}{kT}\right) - 1\right) \tag{33.34}$$

mit dem Sättigungsstrom

$$I_s = eAn_D \sqrt{\frac{kT}{2\pi m_n}} \exp\left(-\frac{e}{kT}(\Phi_M - \Phi_H)\right). \qquad (33.35)$$

Eine graphische Darstellung dieser Strom-Spannungs-Charakteristik zeigt die Abb. 33.12.

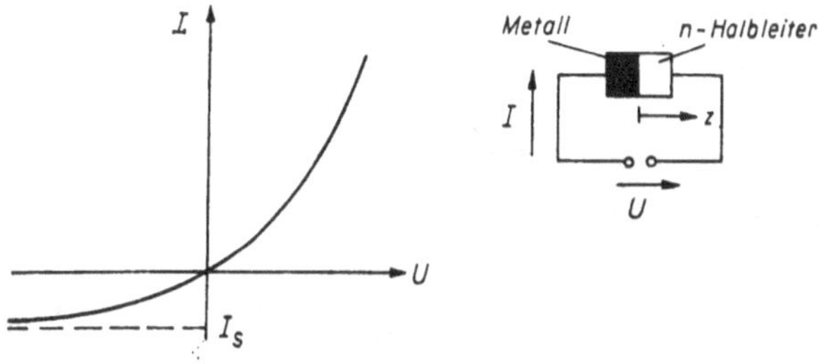

Abb. 33.12. Strom-Spannungs-Charakteristik eines gleichrichtenden Metall-n-Halbleiter-Kontaktes für den Fall, daß die mittlere freie Weglänge l_0 der Elektronen groß gegen die Sperrschichtdicke z_0 ist

Bei der Behandlung des zweiten Grenzfalls, wenn also die Sperrschichtdicke z_0 groß gegen die mittlere freie Weglänge der Elektronen l_0 ist, müssen wir von der allgemeinen Beziehung für den Strom [vgl. Gl. (32.100)],

$$I = eA\left(\mu_n n E_z + D_n \frac{dn}{dz}\right), \qquad (33.36)$$

ausgehen. Das Vorzeichen in dieser Gleichung steht in Übereinstimmung mit unserer Vereinbarung über die positive Stromrichtung (vgl. S. 72), da ein positives I einer Bewegung von Elektronen in negativer z-Richtung ($E_z > 0$, $dn/dz > 0$), d. h. vom Halbleiter zum Metall, entspricht. Die einzelnen Größen besitzen die übliche Bedeutung, nämlich: e ist der Betrag der Ladung eines Elektrons, A die Querschnittsfläche des Kontaktes, μ_n die Beweglichkeit der Elektronen und D_n ihr Diffusionskoeffizient, n stellt die Elektronendichte im Leitungsband dar, also die Anzahl der Elektronen in der Volumeneinheit mit Energien größer als E_L, wenn wir mit E_L wieder die untere Grenzenergie des Leitungsbandes bezeichnen. Mit der Definitionsgleichung der elektrischen Feldstärke,

$$E_z = -\frac{d\Phi}{dz}, \tag{33.37}$$

und der EINSTEINschen Beziehung

$$\mu_n = \frac{e}{kT} D_n \tag{33.38}$$

folgt aus Gl. (33.36)

$$I = eA\left(-\frac{e}{kT} D_n n \frac{d\Phi}{dz} + D_n \frac{dn}{dz}\right). \tag{33.39}$$

Durch Multiplikation mit $\exp\left(-\frac{e\Phi}{kT}\right) dz$ erhalten wir

$$\begin{aligned} I \exp\left(-\frac{e\Phi}{kT}\right) dz &= eAD_n n \, d\left(\exp\left(-\frac{e\Phi}{kT}\right)\right) \\ &\quad + eAD_n \exp\left(-\frac{e\Phi}{kT}\right) dn \\ &= eAD_n \, d\left(n \exp\left(-\frac{e\Phi}{kT}\right)\right) \end{aligned} \tag{33.40}$$

und nach der Integration von $z = 0$ bis $z = z_0$ (vgl. Abb. 33.11a, S. 65ff.), da I konstant ist,

$$\begin{aligned} &I \int_0^{z_0} \exp\left(-\frac{e\Phi}{kT}\right) dz \\ &= eAD_n \left\{ n_D \exp\left(-\frac{e}{kT}(\Phi_M - \Phi_H - U)\right) - n(z=0)\right\}. \end{aligned} \tag{33.41}$$

Auf Grund derselben Argumentation wie vor Gl. (33.33) hängt $n(z = 0)$ nicht von der Spannung U ab. Damit läßt sich diese Größe mittels der Bedingung $I = 0$ für $U = 0$ sofort aus Gl. (33.41) ermitteln, und man erhält

$$n(z = 0) = n_{\mathrm{D}} \exp\left(-\frac{e}{kT}(\Phi_{\mathrm{M}} - \Phi_{\mathrm{H}})\right). \quad (33.42)$$

Die Berechnung des Integrals

$$\int_0^{z_0} \exp\left(-\frac{e\Phi}{kT}\right) \mathrm{d}z \quad (33.43)$$

mit dem Potential Φ gemäß Gl. (33.17)

$$\Phi(z) = \frac{en_{\mathrm{D}}}{\varepsilon\varepsilon_0}\left(z_0 z - \frac{z^2}{2}\right) \quad (33.44)$$

führt auf die Beziehung

$$\int_0^{z_0} \exp\left(-\frac{e\Phi}{kT}\right) \mathrm{d}z = \frac{z_0}{s_0} \exp(-s_0^2) \int_0^{s_0} \exp(s^2)\, \mathrm{d}s, \quad (33.45)$$

wobei

$$s = (z - z_0)\sqrt{\frac{e^2 n_{\mathrm{D}}}{2\varepsilon\varepsilon_0 kT}} \quad (33.46)$$

und

$$s_0 = z_0 \sqrt{\frac{e^2 n_{\mathrm{D}}}{2\varepsilon\varepsilon_0 kT}} \quad (33.47)$$

substituiert wurden.

Durch Reihenentwicklung läßt sich leicht zeigen, daß allgemein

$$\exp(-s_0^2)\int_0^{s_0}\exp(s^2)\,\mathrm{d}s = \frac{1}{2s_0} \tag{33.48}$$

für hinreichend große s_0 gilt, und wir erhalten nach Einsetzen der Gleichungen (33.48) und (33.47) in die Beziehung (33.45)

$$\int_0^{z_0}\exp\left(-\frac{e\Phi}{kT}\right)\mathrm{d}z = \frac{\varepsilon\varepsilon_0 kT}{e^2 n_\mathrm{D} z_0}. \tag{33.49}$$

Damit ergibt sich aus Gl. (33.41) unter Berücksichtigung von Gl. (33.42)

$$I = \frac{e^2 n_\mathrm{D} z_0}{\varepsilon\varepsilon_0\, kT}\, eAD_\mathrm{n} n_\mathrm{D}\exp\left(-\frac{e}{kT}(\Phi_\mathrm{M}-\Phi_\mathrm{H})\right) \times\left\{\exp\left(\frac{eU}{kT}\right)-1\right\} \tag{33.50}$$

und mit Gl. (33.38) sowie z_0 nach Gl. (33.19)

$$I = eA\mu_\mathrm{n} n_\mathrm{D}\sqrt{\frac{2en_\mathrm{D}}{\varepsilon\varepsilon_0}(\Phi_\mathrm{M}-\Phi_\mathrm{H}-U)} \times\exp\left(-\frac{e}{kT}(\Phi_\mathrm{M}-\Phi_\mathrm{H})\right)\left\{\exp\left(\frac{eU}{kT}\right)-1\right\}. \tag{33.51}$$

Im Gegensatz zu Gl. (33.34) zeigt diese Strom-Spannungs-Charakteristik keinen Sättigungsstrom, da bei höheren Sperrspannungen $[U < -(\Phi_\mathrm{M}-\Phi_\mathrm{H})]$ der Strom noch proportional $\sqrt{-U}$ anwächst.

Die Strom-Spannungs-Charakteristik im Fall $z_0 \ll l_0$ kann anschaulich durch die Verringerung bzw. Vergrößerung der Höhe des Potentialwalls erklärt werden, den die Elektronen beim Übergang vom n-Halbleiter zum Metall zu überwinden haben (vgl. Abb. 33.7, S. 60). Daraus folgt insbesondere, daß der Strom in Sperrrichtung von den Elektronen getragen wird, die vom Metall zum n-Halbleiter übertreten, und daß in der Durchlaßrichtung die Elektronen, die vom n-Halbleiter zum Metall wandern, den Diodenstrom bilden. Im Fall $z_0 \gg l_0$ dagegen können wir bei einer Betrachtung der Teilchenbewegung an einer Stelle z in der Sperrschicht $(0 \leqq z \leqq z_0)$ nicht mehr aus der momentanen Bewegungsrichtung auf die Herkunft (vom Metall oder vom Inneren des n-Halbleiters) schließen. Der Begriff des Emissionsstromes hat damit seinen Sinn verloren, und es ergibt sich die Frage, ob auch hier eine Zuordnung von Durchlaß- bzw. Sperrstrom der Diode zu irgendwelchen Teilströmen innerhalb der Diode möglich ist. Eine Betrachtung der Gl. (33.39) zeigt, daß der erste Term (Driftstrom) einer Bewegung der Elektronen in positiver z-Richtung ($\mathrm{d}\Phi/\mathrm{d}z > 0$, vgl. Abb. 33.11$a$, S. 65), der zweite Term (Diffusionsstrom) hingegen einer Bewegung in negativer z-Richtung [$\mathrm{d}n/\mathrm{d}z > 0$, vgl. Gl. (33.42)] entspricht. Bei $U = 0$ sind Drift- und Diffusionsstrom demzufolge gleich groß, für $U < 0$ überwiegt der Driftstrom und für $U > 0$ der Diffusionsstrom. Anschaulich läßt sich diese Tatsache folgendermaßen erklären: Bei Vorspannung der Diode in Sperrichtung vergrößert sich die Breite der Sperrschicht, d. h., wir haben nur einen geringen Konzentrationsgradienten [die Änderung der Konzentration ist näherungsweise konstant $\approx n_{\mathrm{D}}$, vgl. Gl. (33.12)], und der Diffusionsstrom kann vernachlässigt werden. Der Diodenstrom wird durch die Ladungsträger gebildet, die infolge Paarbildung in der Sperrschichtzone entstehen und durch das elektrische Feld (Driftstrom) bewegt werden. Bei Vorspannung in der Durchlaßrichtung dagegen ist die Sperrschicht nur schmal, der Konzentrationsgradient demzufolge groß, und der Diffusionsstrom dominiert.

Da wir von der Voraussetzung (33.13) Gebrauch gemacht und die bei hohen Feldstärken auftretenden

Effekte (Stoßionisation, ZENER-Effekt, Wärmedurchbruch) vernachlässigt haben, gilt die hier dargestellte Theorie nur für kleine Spannungen (<1 V). Aber auch unter Berücksichtigung dieser Einschränkung ist die Übereinstimmung der beiden Formeln [Gl. (33.34) mit (33.35) und Gl. (33.51)] mit den experimentellen Resultaten vor allem in der Sperrichtung relativ schlecht. Als Ursache dieser Diskrepanz kommen wahrscheinlich Inhomogenitäten in der Kontaktfläche in Frage, da die Übereinstimmung zwischen Theorie und Experiment bei den nach den gleichen Prinzipien behandelten pn-Übergängen (vgl. Abschnitt 35) wesentlich besser ist. Man rechnet deshalb im allgemeinen mit einer empirischen Formel

$$I = K \exp\left(-\frac{W(U)}{kT}\right)\left[\exp\left(\frac{eU}{kT}\right) - 1\right], \quad (33.52)$$

deren charakteristische Größen K und $W(U)$ man aus dem Kennlinienfeld entnimmt (vgl. z. B. [P 1]). Das Ersatzschaltbild eines gleichrichtenden Metall-Halbleiter-Kontaktes (z. B. einer Spitzendiode) zeigt Abb. 33.14. C_S

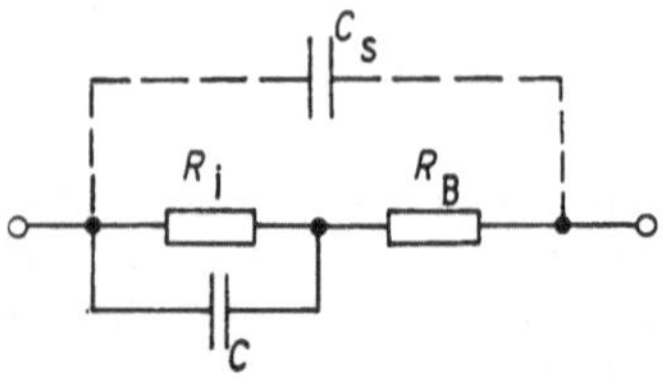

Abb. 33.14. Ersatzschaltbild eines gleichrichtenden Metall-Halbleiter-Kontaktes (z. B. einer Spitzendiode)

ist dabei die Kapazität der Elektrodenzuleitungen, R_B der sogenannte Bahnwiderstand, R_i der Innenwiderstand und C die eigentliche Diodenkapazität. R_B stellt den Widerstand des Halbleitermaterials zwischen der Elektrodenzuführung (ohmscher Kontakt) und dem gleichrichtenden Kontakt dar. C ist die durch Gl. (33.21) gegebene Kapazität, und R_i folgt aus der Strom-Spannungs-Charakteristik durch Differentiation. Sowohl R_i als auch C und oft auch R_B hängen von der Vorspannung der Diode ab. Besonders erwähnenswert ist noch, daß diese Größen frequenzunabhängig sind, so daß sie durch Messung der Frequenzabhängigkeit des komplexen Gesamtwiderstandes $\underline{Z}$

$$\underline{Z} = R_B + \frac{R_i}{1 + j\omega C R_i} \tag{33.54}$$

einzeln bestimmt werden können.

Da der Bahnwiderstand die am Kontakt wirksame Spannung herabsetzt, soll er so klein wie möglich gehalten werden. Für niedrige Frequenzen ist die entsprechende Bedingung

$$R_B \ll \operatorname{Re}\left\{\frac{R_i}{1 + j\omega D R_i}\right\} \tag{33.55}$$

leicht zu erfüllen, da praktisch immer

$$R_B \ll R_i \tag{33.56}$$

gilt. Bei höheren Frequenzen wird dagegen die Ungleichung (33.55) immer schlechter erfüllt sein, und man definiert die Grenzfrequenz ω_g der Diode durch

$$R_B = \frac{R_i}{1 + (\omega_g C R_i)^2}, \tag{33.57}$$

woraus mit (33.56)

$$\omega_g = \frac{1}{C\sqrt{R_i R_B}} \tag{33.58}$$

folgt.

Aufgaben:

1. Man zeige, daß für eine hohe Grenzfrequenz n_D möglichst groß, ε und $\Phi_M - \Phi_H$ dagegen möglichst klein zu wählen sind.

2. Man begründe, warum die Grenzfrequenz bei einer ebenen Diode (Halbleiterquerschnitt = Kontaktquerschnitt A) nicht von A abhängt, während sie bei einer Spitzendiode (eine Metallspitze drückt mit dem Krümmungsradius r_0 in den Halbleiter) proportional $r_0^{-1/2}$ ist.

33.4. Anwendung von Spitzendioden als Mischglied

Bei Mikrowellenempfängern, die nach dem Überlagerungsprinzip (Super) arbeiten, werden meist Spitzendioden zur Mischung verwendet, da Elektronenröhren zu hohe Kapazitäten und Verluste besitzen. Wir legen das in Abb. 33.15 dargestellte Schaltbild des Mischvier-

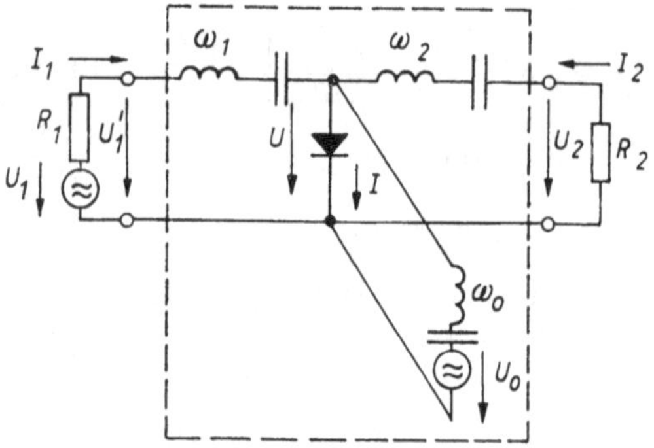

Abb. 33.15. Schaltbild eines Mischvierpols
Der Index 0 bezeichnet den Oszillator, 1 die Signalquelle und 2 die Zwischenfrequenz ($\omega_2 = \omega_1 - \omega_0$)

pols zugrunde, wobei die Serienschwingkreise so abgestimmt seien, daß

$$\omega_2 = \omega_1 - \omega_0 \tag{33.59}$$

gilt. Die Oszillatorspannung sei

$$U_0 = \check{U}_0 \cos \omega_0 t \tag{33.60}$$

und die Signalspannung

$$U_1 = \check{U}_1 \cos(\omega_1 t + \varphi_1). \tag{33.61}$$

Nehmen wir an, daß die Frequenzdifferenzen groß gegen die Bandbreiten der Serienschwingkreise sind, dann liegt an der Diode die Spannung

$$U = U_0 + U_1' + U_2 + \overline{U} \tag{33.63}$$

(vgl. Abb. 33.15), wobei $\overline{U}$ die automatische Vorspannung der Diode infolge des Gleichrichtereffekts bedeutet (s. unten).

Da das Verständnis dieser Beziehung immer wieder Schwierigkeiten bereitet, sei daran erinnert, daß es sich im Prinzip um dieselbe Überlagerung von Spannungen wie am RC-Eingang einer Triode handelt, wo sich die Wechselspannung zu der über den Widerstand R zugeführten Gleichspannung addiert. Die entsprechende Voraussetzung in diesem Fall ist, daß der Kondensator einen sehr hohen Widerstand für die Gleichspannung (trivial) und R einen sehr hohen Widerstand für die Wechselspannung darstellt.

Für den Diodenstrom gilt also, wenn wir eine Kennlinie gemäß Gl. (33.34) annehmen,

$$I = I_S \left[\exp\left(e \frac{U_0 + U_1' + U_2 + \overline{U}}{kT} \right) - 1 \right] \tag{33.64}$$

oder, sofern die Signal-(U_1') und Sekundärspannung (U_2) klein gegen die Temperaturspannung ($kT/e \approx 25$ mV bei Zimmertemperatur) sind,

$$I = I_S \left\{ \exp\left(\frac{e\overline{U}}{kT}\right) \exp\left(e \frac{\check{U}_0 \cos \omega_0 t}{kT} \right) \right.$$
$$\left. \times \left[1 + \frac{e}{kT} (U_1' + U_2) \right] - 1 \right\}. \tag{33.65}$$

Auf Grund der Beziehung

$$\exp(j\varrho\cos\alpha) = J_0(\varrho) + 2\sum_{n=1}^{\infty} j^n J_n(\varrho)\cos n\alpha, \tag{33.66}$$

in der $J_n(\varrho)$ die BESSEL-Funktion n-ter Ordnung darstellt (vgl. z. B. [S 2]), erhalten wir aus Gl. (33.65)

$$I = I_S \left\{\exp\left(\frac{e\overline{U}}{kT}\right)\left(J_0(-j\eta) + 2\sum_{n=1}^{\infty} j^n J_n(-j\eta) \times \cos n\,\omega_0 t\right)\left[1 + \frac{e}{kT}(U_1' + U_2)\right] - 1\right\} \tag{33.67}$$

mit

$$\eta = \frac{e\check{U}_0}{kT}. \tag{33.68}$$

Da wegen der Serienresonanzkreise U_1' (bzw. U_2) eine sinusförmige Zeitfunktion mit der Frequenz ω_1 (bzw. ω_2) sein muß, und auf Grund eines bekannten Additionstheorems

$$\cos\alpha\cos\beta = \frac{1}{2}\cos(\alpha+\beta) + \frac{1}{2}\cos(\alpha-\beta) \tag{33.69}$$

gilt, besteht I aus lauter sinusförmigen Stromanteilen mit den Frequenzen $n\omega_0$, $n\omega_0 \pm \omega_1$ und $n\omega_0 \pm \omega_2 = (n \mp 1)\,\omega_0 \pm \omega_1$ [vgl. Gl. (33.69)].

Berücksichtigen wir noch die Beziehungen (vgl. Abb. 33.15, S. 80)

$$U_1' = U_1 - R_1 I_1 = (\check{U}_1 - R_1\check{I}_1)\cos(\omega_1 t + \varphi_1) \tag{33.70}$$

und

$$\begin{aligned} U_2 &= -I_2 R_2 = -\check{I}_2 R_2 \cos(\omega_2 t + \varphi_2) \\ &= -\check{I}_2 R_2 \cos((\omega_1 - \omega_0)\,t + \varphi_2), \end{aligned} \tag{33.71}$$

so folgt aus Gl. (33.67) für die zeitunabhängigen Terme

$$0 = \exp\left(\frac{e\overline{U}}{kT}\right) J_0(-j\eta) - 1, \tag{33.72}$$

für die Terme mit der Frequenz ω_1

$$\begin{aligned}\check{I}_1 \cos(\omega_1 t + \varphi_1) &= I_S \exp\left(\frac{e\overline{U}}{kT}\right) J_0(-j\eta) \frac{e}{kT} \\ &\times (\check{U}_1 - R_1\check{I}_1) \cdot \cos(\omega_1 t + \varphi_1) \\ &- I_S \exp\left(\frac{e\overline{U}}{kT}\right) jJ_1(-j\eta) \frac{e}{kT} \check{I}_2 R_2 \cos(\omega_1 t + \varphi_2)\end{aligned} \tag{33.73}$$

und für die Terme mit der Frequenz $\omega_2 = \omega_1 - \omega_0$

$$\begin{aligned}\check{I}_2 \cos(\omega_2 t + \varphi_2) &= -I_S \exp\left(\frac{e\overline{U}}{kT}\right) J_0(-j\eta) \frac{e}{kT} \\ &\times \check{I}_2 R_2 \cos(\omega_2 t + \varphi_2) + I_S \exp\left(\frac{e\overline{U}}{kT}\right) \\ &\times jJ_1(-j\eta) \frac{e}{kT} (\check{U}_1 - R_1\check{I}_1) \cos(\omega_2 t + \varphi_1).\end{aligned} \tag{33.74}$$

Da diese Gleichungen in jedem Zeitpunkt erfüllt sein müssen, ergibt sich

$$\varphi_2 = \varphi_1, \tag{33.75}$$

und wir erhalten

$$\check{I}_1 = G(\check{U}_1 - R_1\check{I}_1) + G_K(-\check{I}_2 R_2), \tag{33.76}$$

$$\check{I}_2 = G(-\check{I}_2 R_2) + G_K(\check{U}_1 - R_1\check{I}_1) \tag{33.77}$$

mit

$$G = \frac{eI_S}{kT} \tag{33.78}$$

und

$$G_K = \frac{eI_S}{kT} \frac{j\,J_1(-j\eta)}{J_0(-j\eta)}. \tag{33.79}$$

Die Größe G stellt den Eingangsleitwert des Mischgliedes dar und G_K den sogenannten Konversionsleitwert.

Durch Auflösung der Gleichungen (33.76) und (33.77) nach

$$\check{U}_2 = -\check{I}_2 R_2 \tag{33.80}$$

folgt

$$\check{U}_2 = -\frac{G_K R_2}{(1 + R_2 G)(1 + R_1 G) - R_1 R_2 G_K{}^2} \check{U}_1. \tag{33.81}$$

Die verfügbare Leistung (also die maximal, d. h. bei Anpassung, abgebbare Leistung) der Signalquelle ist

$$P_{1V} = \frac{\check{U}_1{}^2}{8R_1} \tag{33.82}$$

und die an den Verbraucher (R_2) abgegebene Leistung des Mischgliedes

$$P_2 = \frac{\check{U}_2{}^2}{2R_2}. \tag{33.83}$$

Demzufolge ergibt sich für die Leistungs„verstärkung" g des Mischgliedes

$$g = \frac{P_2}{P_{1V}} = \frac{4}{R_1 R_2 G^2} \frac{\left(\frac{G_K}{G}\right)^2}{\left[\frac{(1 + GR_1)(1 + GR_2)}{R_1 R_2 G^2} - \left(\frac{G_K}{G}\right)^2\right]^2}. \tag{33.84}$$

Dieser Quotient wird um so größer, je mehr sich der relative Konversionsleitwert G_K/G dem Wert 1 nähert. Aus den Gleichungen (33.78), (33.79) und (33.68) folgt

$$\frac{G_K}{G} = \frac{jJ_1(-j\eta)}{J_0(-j\eta)} = \frac{I_1\left(\frac{e\check{U}_0}{kT}\right)}{I_0\left(\frac{e\check{U}_0}{kT}\right)}, \tag{31.85}$$

wobei die modifizierten BESSEL-Funktionen erster (I_1) und nullter Ordnung (I_0) eingeführt wurden (vgl. Teil IV, Abschnitt 23.2., S. 79ff.). Da der Quotient I_1/I_0 von Null an mit größer werdendem Argument anwächst und sich asymptotisch 1 nähert, ist eine möglichst große Oszillatorspannung vorteilhaft. Eine Begrenzung in dieser Hinsicht wird durch die endliche Belastbarkeit der Diode und das anwachsende Rauschen gegeben. Gute Mischglieder besitzen im Optimalfall (vgl. Aufgabe) Leistungs„verstärkungen“ größer als 0,2.

Aufgabe:

Man berechne die optimalen Werte von R_1 und R_2 für eine maximale Leistungs„verstärkung“ des Mischgliedes bei gegebener Oszillatorspannung.

Lösung: $R_1 = R_2 = (G^2 - G_K{}^2)^{-1/2}$.

34. Herstellung und Dotierung von Halbleitereinkristallen

Außer Halbleitereinkristallen mit räumlich konstanter Dotierung, wie sie beispielsweise für Metall-Halbleiter-Dioden Verwendung finden, benötigt man sowohl für Halbleiterflächendioden als auch für Transistoren Einkristalle, in denen sich die Dotierung örtlich so stark ändert, daß Übergänge von p- zu n-leitendem Material entstehen.

Ohne auf die Wirkungsweise dieser Bauelemente (vgl. Abb. 34.1 *a* und *b*) hier einzugehen, wollen wir uns im folgenden mit den physikalischen Grundlagen der Herstellung solcher pn-Übergänge beschäftigen.

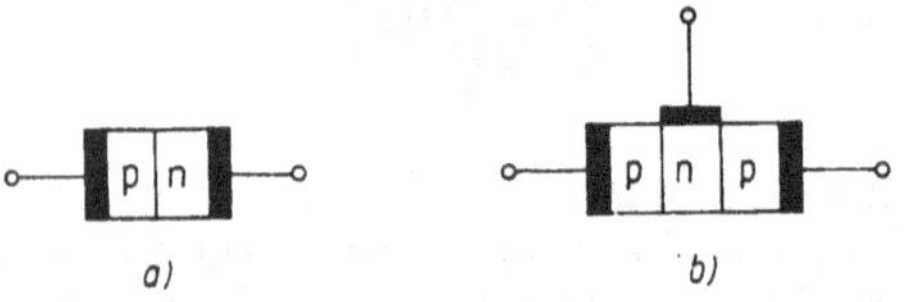

Abb. 34.1. Halbleiter-Flächendiode (a) und pnp-Transistor (b)
Alle Metall-Halbleiter-Verbindungen sind ohmsche Kontakte

Zunächst muß das Halbleitermaterial in sehr großer Reinheit dargestellt und dann in kontrollierter Weise dotiert, d. h. mit Akzeptoren oder Donatoren versehen werden.

Um einen Begriff von der Größe des erforderlichen Reinheitsgrades zu vermitteln, betrachten wir n-leitendes Germanium. Für die Leitfähigkeit σ_n gilt nach Gl. (32.6)

$$\sigma_n = e\mu_n n_D\,, \tag{34.1}$$

wobei e den Betrag der Ladung eines Elektrons, μ_n die Beweglichkeit und n_D die Donatorenkonzentration bedeutet. Mit den Werten $e = 1{,}6 \cdot 10^{-19}$ As, $\mu_n = 0{,}38$ m^2 V^{-1} s^{-1} folgt also

$$n_D \approx 1{,}65 \cdot 10^{19}\, \sigma_n\, [\mathrm{m}^{-3}]\,, \tag{34.2}$$

wobei σ_n in der Einheit Ω^{-1} m^{-1} einzusetzen ist. Für die Konzentration n_{Ge} der Germaniumatome (Anzahl/m^3) ergibt sich andererseits

$$n_{Ge} = 10^3 \frac{N_A}{M} \varrho\,. \tag{34.3}$$

Dabei stellt N_A die Avogadrosche Zahl (Anzahl der Teilchen pro Mol), M das Molekulargewicht in kg und ϱ die

Dichte in kg/m³ dar. Für $N_A = 6 \cdot 10^{23}$, $M = 72{,}6$ kg und $\varrho = 5460$ kg/m³ folgt also

$$\frac{n_{Ge}}{n_D} = \frac{2{,}7 \cdot 10^9}{\sigma_n}. \tag{34.4}$$

Da σ_n in der Größenordnung $100\,\Omega^{-1}\,m^{-1}$ liegt und die Verunreinigungen eine wesentlich geringere Konzentration als die Donatoren aufweisen müssen, werden also Reinheitsgrade von über 10^8 gefordert.

Die erfolgreichste Methode zur Herstellung derart reiner Halbleitermaterialien beruht auf der unterchiedlichen Konzentration von Verunreinigungen in geschmolzenem und erstarrtem Material. Zum Verständnis sei an die Bedeutung des Schmelzdiagramms erinnert: Wir gehen von N_{F0} Fremdatomen aus, die sich auf N_{G0} Germaniumatome verteilt haben, und beginnen mit einer Temperatur T_0, bei der dieses Gemisch als Schmelze vorliegt (vgl. Abb. 34.2). Danach kühlen wir ab bis zur Temperatur T_1, bei der die Erstarrung beginnt. Das erstarrte Material hat im allgemeinen eine andere Zusammensetzung als die

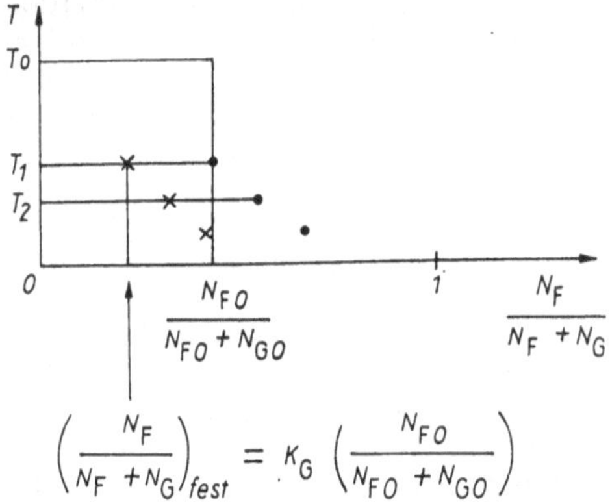

Abb. 34.2. Zur Entstehung der Schmelzdiagramme
● Schmelze; × erstarrtes Material

Schmelze, und zwar findet man experimentell

$$\left(\frac{N_F}{N_F + N_G}\right)_{\text{fest}} = K_G \left(\frac{N_F}{N_F + N_G}\right)_{\text{flüss}} \tag{34.5}$$

mit $K_G \ll 1$. Die Größe K_G wird als Seigerungskonstante bezeichnet, da sie bei hinreichend kleinen Werten des Quotienten $N_F/(N_F + N_G)$ nicht von der Konzentration abhängt. Bei weiterer Abkühlung, z. B. auf T_2 (vgl. Abb. 34.2), hat sich die Schmelze an Fremdatomen angereichert und das daraus abgeschiedene Material (Mischkristall) wegen der Beziehung (34.5) ebenfalls.

Dies setzt sich bei weiterer Abkühlung in entsprechender Weise fort, bis die Schmelze so weit konzentriert ist $[N_{FE}/(N_{FE} + N_{GE})]$, daß nicht nur Material der Zusammensetzung $K_G N_{FE}/(N_{FE} + N_{GE})$, sondern auch gleichzeitig Material mit der Zusammensetzung $K_F N_{GE}/(N_{GE} + N_{FE})$, ausgeschieden wird. Dabei bezeichnet K_F die entsprechende Seigerungskonstante für Germanium im Verband der Fremdatome. Diese Temperatur nennt man eutektische Temperatur und die zugehörige Konzentration die eutektische Konzentration der beiden Stoffe (G und F). In diesem Punkt ist also die Konzentration der Schmelze und des ausgeschiedenen Materials gleich, das allerdings aus zwei „Sorten" besteht, nämlich einem Kristallitgemenge des Mischkristalls α [Zusammensetzung $K_G N_{FE}/(N_{FE} + N_{GE})$] und des Mischkristalls β [Zusammensetzung $K_F N_{GE}/(N_{GE} + N_{FE})$]. Verbindet man die in Abb. 34.2 eingezeichneten Punkte und ergänzt die Kurven entsprechend, so folgt das in Abb. 34.3 dargestellte allgemeine Schmelzdiagramm.

Man sieht, daß bei Temperaturen unterhalb T_E die homogenen Legierungen nur in kleineren Bereichen existieren, d. h., daß die sogenannte „Mischungslücke" größer wird. Der Unterschied zwischen einer homogenen Legierung (Mischkristall) und einem Kristallitgemenge besteht darin, daß die homogene Legierung einen neuen Kristall darstellt, dessen elektrische Leitfähigkeit bei-

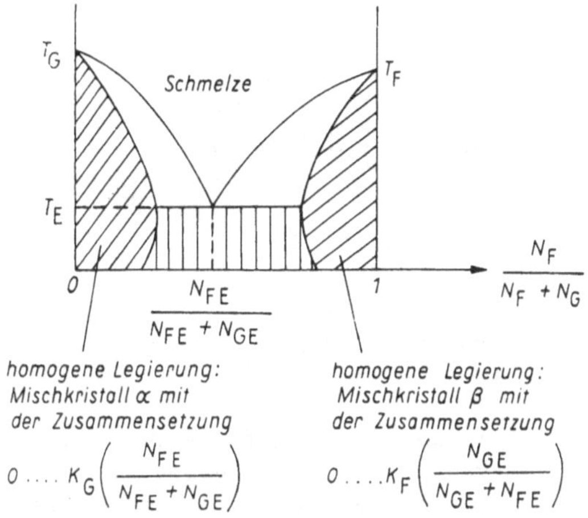

Abb. 34.3. Allgemeines Schmelzdiagramm
T_G und T_F sind die Schmelzpunkte der reinen Stoffe G und F; in dem senkrecht schraffierten Gebiet liegt ein Kristallitgemenge, bestehend aus Mischkristallen α und Mischkristallen β vor; T_E ist die eutektische Temperatur

spielsweise völlig von der der Komponenten verschieden sein kann.

Das allgemeine Schmelzdiagramm stellt den Fall der begrenzten Mischbarkeit von G und F im festen Zustand dar. Wenn die beiden Stoffe im festen Zustand überhaupt nicht mischbar sind, so scheidet sich bei jeder Zusammensetzung ein Kristallitgemenge (bestehend aus den reinen Stoffen G und F) ab. Die Seigerungskonstanten K_F und K_G sind in diesem Fall also beide Null (vgl. Abb. 34.4*a*). Bei vollständiger Mischbarkeit im festen Zustand dagegen erhalten wir aus Schmelzen beliebiger Zusammensetzung stets eine homogene Legierung (Mischkristall), und es kommt nicht zur Ausbildung eines eutektischen Punktes (vgl. Abb. 34.4*b*).

Nach diesen Vorbetrachtungen ist die Wirkungsweise

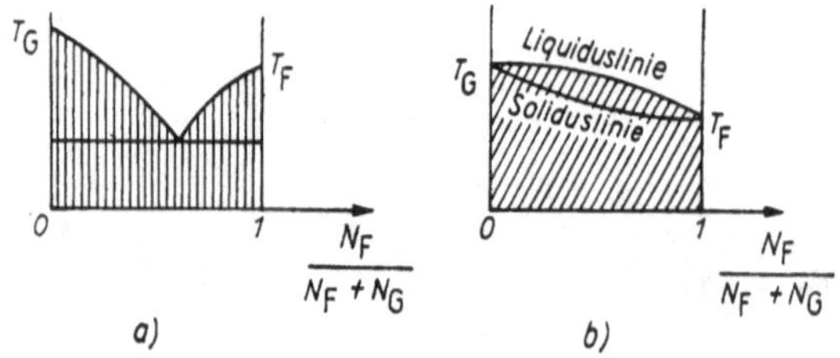

Abb. 34.4. Schmelzdiagrammme
a) bei fehlender Mischbarkeit der Stoffe G und F im festen Zusand;
b) bei vollständiger Mischbarkeit

des Zonenschmelzverfahrens leicht einzusehen: Der zu reinigende Halbleiter wird über eine gewisse Breite (b) durch HF-Erwärmung zum Schmelzen gebracht und langsam nach links bewegt (vgl. Abb. 34.5a), so daß die flüssige Zone nach rechts wandert. In dieser flüssigen Zone reichern sich die Verunreinigungen an und können auf diese Weise nach dem rechten Ende des Halbleiters

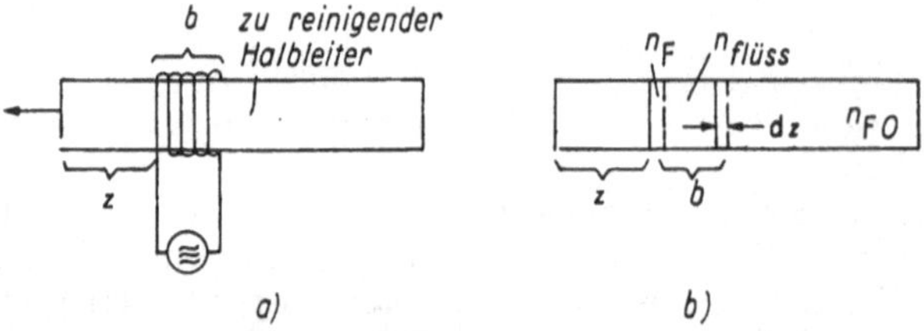

Abb. 34.5. Prinzip (a) und Wirkungsweise (b) des Zonenschmelzverfahrens

transportiert werden, das man dann abschneidet. Bei Verschiebung der geschmolzenen Zone um die Strecke dz nach rechts vergrößert sich die Anzahl der Fremdatome im flüssigen Gebiet um $A\ n_{F0}$ dz, wobei A die Querschnittsfläche des Halbleiters und n_{F0} die ursprüngliche Konzentration der Fremdatome im Halbleitermaterial darstellt.

Der Verlust an Fremdatomen ist andererseits gleich $A\, n_F\, \mathrm{d}z$, wenn wir mit n_F die Konzentration der Fremdatome in dem (bei der Bewegung um $\mathrm{d}z$) neu erstarrten Gebiet $A\, \mathrm{d}z$ bezeichnen. Für $n_F \ll n_G$ folgt aus Gl. (34.5)

$$n_{F\,\text{flüss}} \approx \frac{1}{K_G}\, n_F\,, \tag{34.6}$$

und wir erhalten

$$A\, b\, \mathrm{d}n_{F\,\text{flüss}} = \frac{Ab}{K_G}\, \mathrm{d}n_F = A\, n_{F0}\, \mathrm{d}z - A\, n_F\, \mathrm{d}z\,. \tag{34.7}$$

Daraus ergibt sich

$$\frac{\mathrm{d}n_F}{n_{F0} - n_F} = K_G\, \frac{\mathrm{d}z}{b} \tag{34.8}$$

oder nach Integration zwischen den Grenzen $z = 0$ (d. h. $n_F = n_{F0} K_G$) und z

$$n_F = n_{F0} \left[1 - (1 - K_G) \exp\left(-\frac{z K_G}{b}\right)\right]. \tag{34.9}$$

Aus dieser Formel ersehen wir, daß die Konzentration der Fremdatome im linken Gebiet des Halbleiters (kleine z) tatsächlich wesentlich verringert wurde, da K_G eine kleine Größe (z. B. 0,067 für Al und 0,007 für Sb) darstellt. Durch mehrmalige Anwendung dieses Verfahrens kommt man schließlich zu sehr reinem Material, das den gestellten Anforderungen genügt.

Für die Herstellung von pn-Übergängen und Transistoren muß dann dieses Material als Einkristall vorliegen (ungestörte Bänderstruktur!) und in geeigneter Weise dotiert werden. Hierfür gibt es eine Vielzahl von Verfahren, die sich im wesentlichen auf die folgenden Methoden zurückführen lassen:

a) Ziehen von Kristallen aus einer Schmelze (nur noch selten angewandt)

b) homogene Legierung (meist zur Herstellung von Transistoren mit Grenzfrequenzen bis etwa 10 MHz verwendet), *c*) Diffusion (wichtigstes Verfahren), meist kombiniert mit

d) Epitaxialtechnik (speziell für Transistoren mit höheren Grenzfrequenzen),

e) elektrolytisches Ätzen (industriell ohne Bedeutung).

Beim Verfahren *a*) wird beispielsweise ein Kristallkeim in flüssiges Germanium getaucht und langsam unter ständigem Drehen (vgl. Abb. 34.6) herausgezogen, so daß

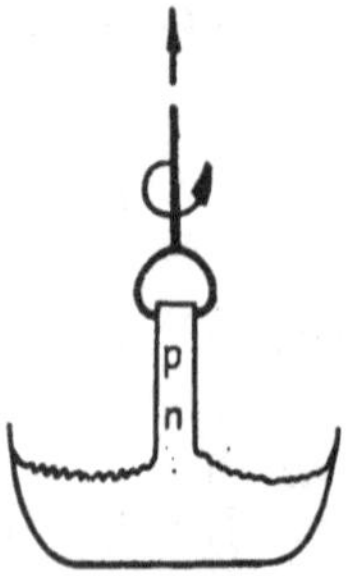

Abb. 34.6. Zur Herstellung von pn-Übergängen durch Ziehen von Einkristallen aus einer Schmelze

ein Germaniumeinkristall entsteht. Setzt man der Schmelze zunächst Akzeptoratome und später Donatoratome im Überschuß zu, so erhält man einen pn-Übergang bzw. einen pnp-Einkristall, wenn man zuletzt wieder einen Überschuß an Akzeptoratomen zugegeben hat.

Beim Verfahren *b*) muß das Akzeptor- bzw. Donatormetall mit dem Halbleiter eine homogene Legierung bilden können. Das Schmelzdiagramm besitzt dann die in Abb. 34.4*b*, S. 90 dargestellte Form.

Zur Erläuterung des Prinzips betrachten wir ein Indiumkügelchen (Akzeptormetall), das auf einen n-dotierten Germaniumeinkristall gebracht wird (Abb. 34.7*a*). Beim Erhitzen auf die Temperatur T_a schmilzt das Indium, dessen Schmelztemperatur T_{sI} kleiner als die des Germaniums T_{sG} ist (vgl. Abb. 34.7*b*) und löst so viel

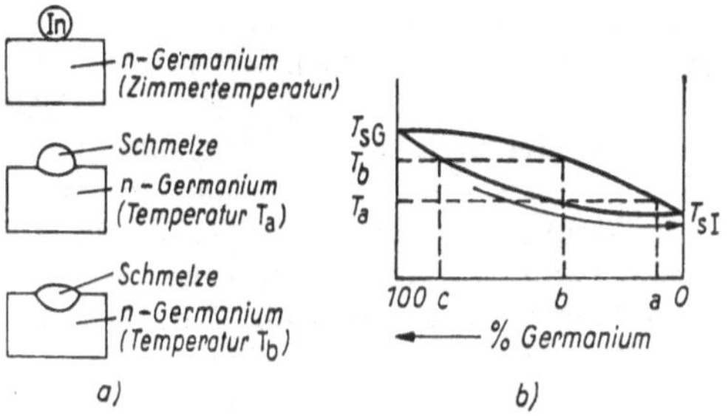

Abb. 34.7. Zur Herstellung von pn-Übergängen durch homogene Legierung

Germanium auf, daß die Schmelze mit a% Germanium angereichert wird. Bei weiterer Erwärmung bis auf die Temperatur T_a dringt die Schmelzfront tiefer in das Germanium ein, und zwar so weit, daß sich die Konzentration auf b% erhöht. Kühlt man jetzt wieder ab, so bewegt sich die Grenze zwischen Festkörper und Schmelze wieder nach oben, wobei jede neu erstarrte Schicht eine geringere Germaniumkonzentration besitzt als die vorhergehende, und zwar beginnend mit c% Germanium und endend bei reinem Indium (vgl. Pfeil in Abb. 34.7*b*). Die Abkühlung darf dabei aber nicht so langsam erfolgen, daß ein Konzentrationsausgleich zwischen den abgelagerten Schichten und der Schmelze erfolgt. Dies ist außer in Grenzfällen auch praktisch nie der Fall. Erwähnenswert erscheint noch, daß beim Einlegieren von Indium in p-Germanium (statt in n-Germanium) ein ohmscher Kontakt entsteht (allmählicher Übergang vom Halbleiter zum Metall).

Beim Verfahren *c*) wird der Halbleiter in eine Gasatmosphäre, bestehend aus den betreffenden Donator- oder Akzeptoratomen, gebracht, die dann in den Halbleiter hineindiffundieren. Die Diffusionsfront ist wesentlich gleichmäßiger als beim Legierungsverfahren und rückt während des Diffusionsprozesses langsam vor, so daß beliebige Dotierungsprofile hoher Präzision erreicht werden können, was insbesondere für Transistoren mit einer hohen Grenzfrequenz Bedeutung besitzt. Die erste Möglichkeit zur Erzeugung von Schichten verschiedener Dotierung besteht darin, daß man den z. B. p-leitenden Kristall zunächst in eine n-Leitung erzeugende Atmosphäre und dann in eine p-Leitung erzeugende Atmosphäre geringeren Druckes bringt. Auf diese Weise entsteht das in Abb. 34.8*a* dargestellte Material, aus dem man dann durch Abdecken mit Masken, Wegätzen der ungeschützten Teile und Aufbringen geeigneter Elektroden die als Mesatransistor bekannte Bauform eines Transistors erhält (Abb. 34.8*b*). Die zweite Möglichkeit macht

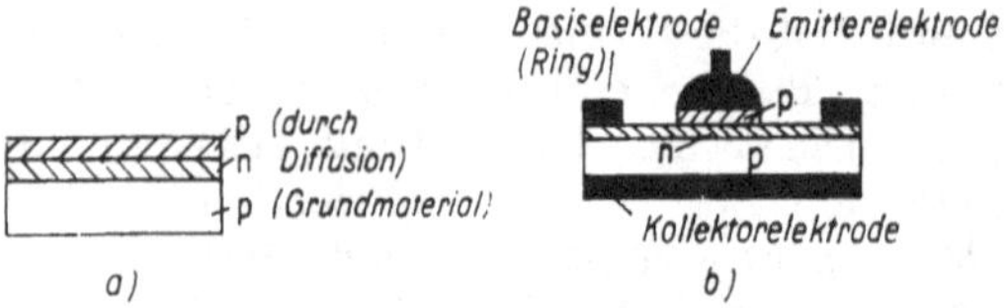

Abb. 34.8. Durch Diffusion erzeugte n- und p-Schichten in einem p-leitenden Grundmaterial
a) Schnitt durch das Material; b) Anwendung beim Mesatransistor

Gebrauch von der Tatsache, daß verschiedene Fremdatome unter gleichen Bedingungen (Druck und Temperatur) verschieden schnell in das Material eindiffundieren. Beispielsweise diffundiert Aluminium etwa 100mal schneller in Silizium als Antimon. Bei entsprechender Wahl der Partialdrücke und der Dotierung des Grundmaterials kann man auf diese Weise in einer Mischatmosphäre ähnliche Dotierungen wie in Abb. 34.8*a* erhalten.

Bei der Epitaxialtechnik (Verfahren *d*) wird durch Aufdampfen im Vakuum oder durch eine Reaktion in der Dampfphase eine dünne hochohmige Schicht Halbleitermaterial auf eine dickere, viel höher dotierte Probe desselben Leitungstyps aufgebracht, so daß ein einheitlicher Einkristall entsteht. Die hochohmige Zone wird dann z. B. wie in Abb. 34.8*b* oder in Abb. 34.9 behandelt, so daß ein Epitaxial-Mesa- oder ein Epitaxial-

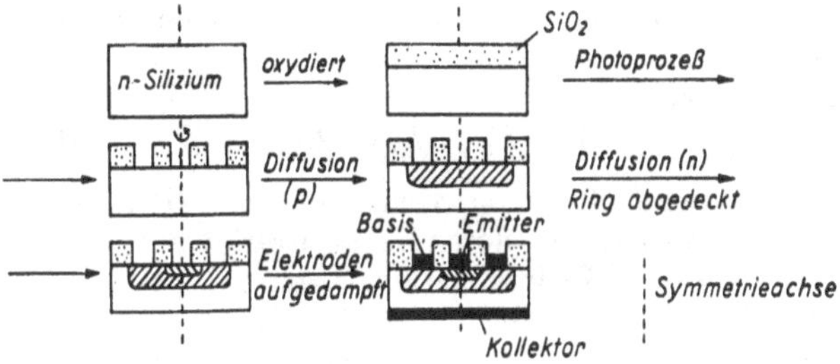

Abb. 34.9. Anwendung der Diffusionstechnik bei der Herstellung von Planartransistoren
Vorteil: Die Stellen, an denen die Übergänge an die Oberfläche treten, sind durch die Oxidschicht geschützt

Planartransistor entsteht. Der Vorteil des Epitaxialtransistors gegenüber dem gewöhnlichen Transistor ergibt sich vor allem aus der Verringerung des Kollektorbahnwiderstandes. Beim Verfahren *e*) (elektrolytisches Ätzen) wird durch Wahl der Stromrichtung der Kristall an den Kontaktstellen entweder geätzt oder mit einer Metallschicht (z. B. Indium) überzogen („surface-barrier"-Dioden bzw. -Transistoren). Obwohl diese Bauelemente ebenso aufgebaut sind wie einfache Metall-Halbleiter-Dioden, wirken sie infolge der geringen Dotierung des Halbleitermaterials wie pn-Übergänge, bei denen der Strom durch die Minoritätsträger bestimmt wird. Abb. 34.10 zeigt das Bändermodell an der Grenze zwischen

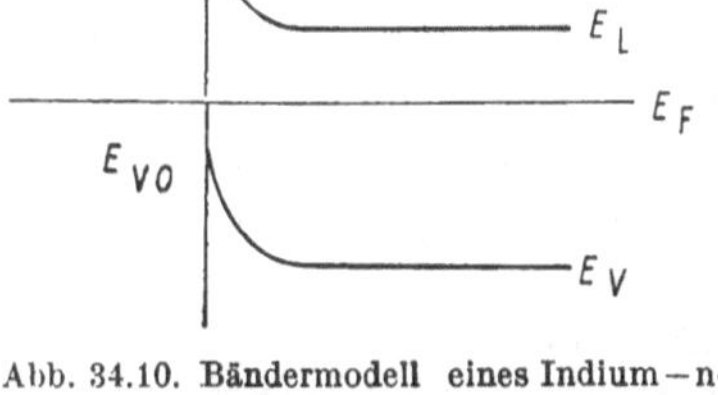

Abb. 34.10. Bändermodell eines Indium – n-Germanium-Kontaktes für den Fall, daß der Strom vorwiegend durch die Minoritätsträger (Defektelektronen) getragen wird; vgl. Gl. (34.10)

dem Metall (Indium) und dem nur schwach dotierten n-Germanium.

Es gilt also

$$E_L - E_F > E_F - E_{VO}, \qquad (34.10)$$

und damit wird der Strom vorwiegend von den Defektelektronen getragen, da deren Konzentration am Kontakt größer als die der Elektronen im Inneren des Halbleiters ist. Die Sperrschicht selbst entsteht hierbei in erster Linie durch den Übergang von Elektronen aus dem Halbleiterinneren in die Oberflächenzustände des Germaniums (vgl. S. **63**).

Ergänzend sei an dieser Stelle noch erwähnt, daß auch bei gewöhnlichen Spitzendioden (vor allem bei Germanium) die Minoritätsträger eine entscheidende Rolle spielen können, wobei zwei Ursachen in Betracht zu ziehen sind, nämlich:

1. Die Spitzendiode wirkt wie eine „surface-barrier"-Diode.

2. Durch die Formierung (starker Stromimpuls in Sperrichtung) wird das n-Germanium in der Nähe des Kontakts zu p-Germanium, so daß ein echter pn-Übergang entsteht.

Die folgenden Betrachtungen werden zeigen, daß Minoritätsträger zu Trägheitserscheinungen Anlaß geben, die das Hochfrequenz- und Impulsverhalten der Bauelemente verschlechtern.

35. Halbleiter-Flächendioden

Halbleiter-Flächendioden bestehen aus einem pn-Übergang, d. h. einem Einkristall aus halbleitendem Material, das auf der einen Seite p- und auf der anderen Seite n-leitend ist. Die Anschlußelektroden sind mit dem Halbleiter über ohmsche Kontakte verbunden (vgl. Abb. 34.1*a*, S. **86**). Analog wie bei den Metall-Halbleiter-Dioden bildet sich an der Stelle des Übergangs vom p- zum n-Material eine Sperrschicht (Raumladungszone) aus, die Ursache für eine nichtlineare Strom-Spannungs-Kennlinie ist. Im Gegensatz zu den Metall-Halbleiter-Dioden wird hier aber der Strom durch die Minoritätsträger bestimmt, was sich insbesondere auf die Hochfrequenzeigenschaften des Gleichrichters nachteilig auswirkt (Speichereffekte, s. unten).

35.1. Potentialverlauf in der Sperrschicht

Im folgenden wollen wir uns vorwiegend mit ebenen pn-Übergängen beschäftigen, bei denen sich die Konzentration der Akzeptoren (n_A) und der Donatoren (n_D) als Funktion der Ortskoordinate (z) an einer bestimmten Stelle ($z = z_m$) sprunghaft ändert (SCHOTTKYsche Dotierung, vgl. Abb. 35.1). Zum Verständnis des Potential-

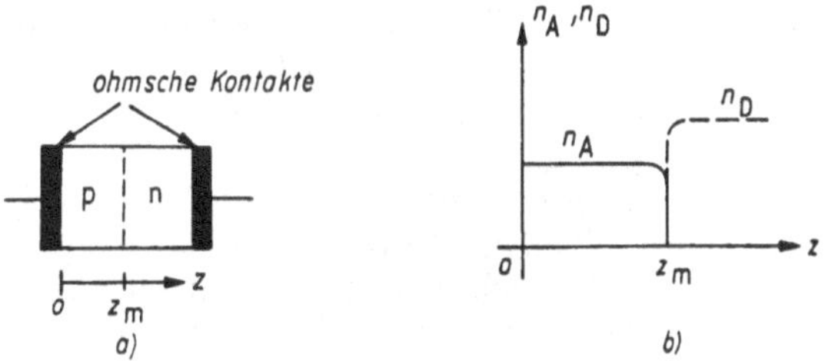

Abb. 35.1. Ebener pn-Übergang (a) und zugehörige Dotierung (b) n_D kann ebensogut auch gleich n_A oder kleiner n_A sein

verlaufs denken wir uns den pn-Übergang durch Berührung eines p- und eines n-Halbleiters entstanden. Vor der Berührung galten demnach die beiden in Abb. 35.2 dargestellten Bändermodelle, wobei die Lage der FERMIschen Grenzenergien E_F durch die Beziehungen

$$E_F = E_V + kT \ln (p_e/n_A) \qquad (35.1)$$

bzw.

$$E_F = E_L - kT \ln (n_e/n_D) \qquad (35.2)$$

gegeben wird (vgl. Tab. 32.6, S. 43), da bei Zimmertemperatur (T_0) praktisch alle Donatoren und Akzeptoren ioni-

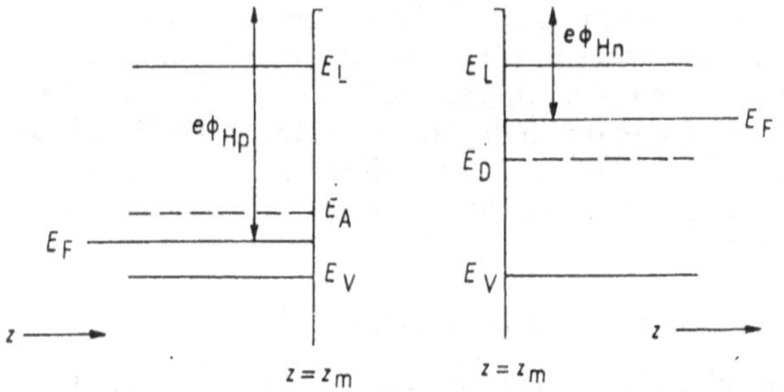

Abb. 35.2. Bändermodelle für p- und n-Germanium vor einer Berührung
Die Indizes A bzw. D beziehen sich auf die Akzeptoren bzw. Donatoren; $e\Phi_{Hp}$ ist die Austrittsarbeit für das p-leitende Material und $e\Phi_{Hn}$ für das n-Germanium

siert sind. k bezeichnet hierbei die BOLTZMANN-Konstante, T die absolute Temperatur ($T \gtrapprox T_0$), E_V die obere Grenzenergie des Valenzbandes, E_L die untere Grenzenergie des Leitungsbandes und p_c bzw. n_e die effektiven Zustandsdichten im Valenz- bzw. Leitungsband [vgl. die Gln. (32.44) und (32.51)]. Je größer n_A bzw. n_D ist, desto näher liegt also die FERMIsche Grenzenergie bei E_V bzw. E_L. Nach der Berührung fließen Elektronen so lange vom n- zum p-Halbleiter und Defektelektronen in umgekehrter Richtung, bis die FERMI-Niveaus auf gleicher Höhe liegen, wobei sich eine Raumladungszone (Sperrschicht) ausbildet. Die Gesamthöhe der Energiestufe ist gleich der Differenz der Austrittsarbeiten, und man nennt

$$\Phi_{Hp} - \Phi_{Hn} = U_D \tag{35.3}$$

die Diffusionsspannung des pn-Übergangs. Das zugehörige Bändermodell zeigt Abb. 35.3.

Aufgabe:

Man zeige, daß

$$U_D = \frac{kT}{e} \ln \frac{n_A n_D}{n_i^2}$$

gilt. (Hinweis: vgl. Tab. 32.6 und die Gln. (32.61), (32.51) und (32.44).

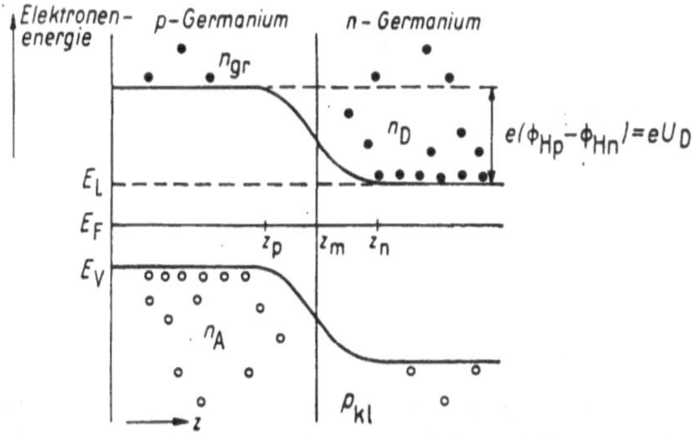

Abb. 35.3. Bändermodell des pn-Übergangs von Abb. 35.1.
Die Bedeutung von n_{gr}, n_A, n_D, p_{kl} wird im Abschnitt 35.2. erläutert

Wenn die n-leitende Seite um $-U$ Volt gegen die p-leitende Seite vorgespannt wird, dann verringert sich die Potentialstufe auf den Wert

$$\Phi_{\mathrm{Hp}} - \Phi_{\mathrm{Hn}} - U = U_{\mathrm{D}} - U\,. \tag{35.4}$$

Tragen wir nun gleich für diesen allgemeinen Fall die Raumladungsdichte $\varrho(z)$ als Funktion von z auf, so erhalten wir etwa den in Abb. 35.4*a* durch die gestrichelte Linie dargestellten Verlauf, da ja die Raumladung von den (infolge der Trägerabwanderung) nicht mehr neutralisierten Akzeptoren und Donatoren herrührt. Wie bei den Metall-Halbleiter-Dioden nähern wir diesen Verlauf durch die ausgezogene Kurve an, was bei nicht zu hohen Temperaturen gerechtfertigt ist.

Der Potentialverlauf $\Phi(z)$ ergibt sich dann durch Integration der Poisson-Gleichung

$$\frac{\mathrm{d}^2\Phi}{\mathrm{d}z^2} = -\frac{\varrho(z)}{\varepsilon\varepsilon_0}, \tag{35.5}$$

wobei ε die relative und ε_0 die absolute Dielektrizitätskonstante bezeichnet. Für $z_p \leqq z \leqq z_m$ nennen wir das Potential $\Phi = \Phi_p$ und für $z_m \leqq z \leqq z_n$ entsprechend Φ_n. Legen wir außerdem den Wert von Φ für $z \leqq z_p$ mit

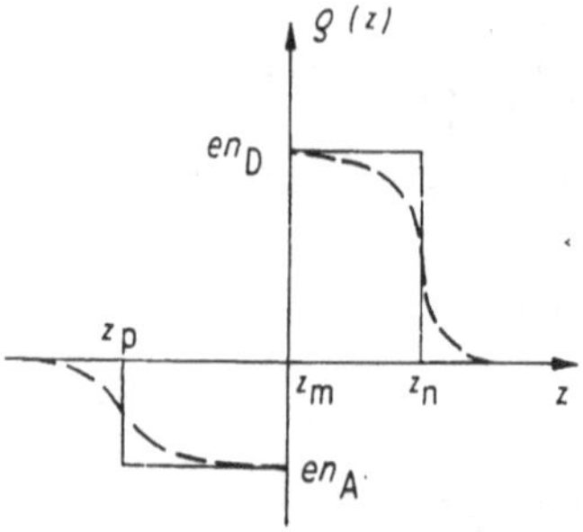

Abb. 35.4.a Tatsächliche Raumladungsdichte $\varrho(z)$ (— — —) und für die Rechnung verwendete Näherung (————)

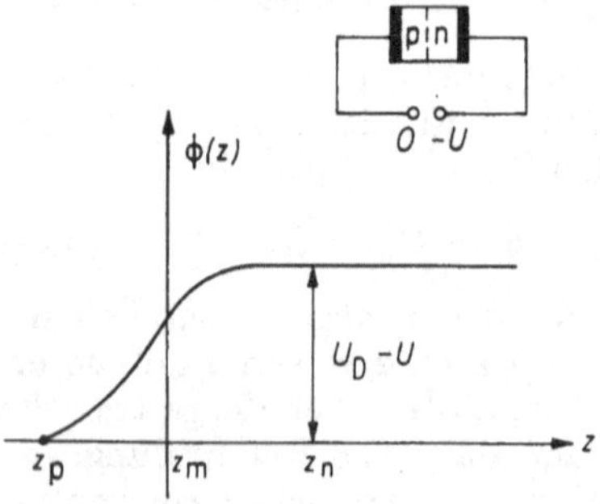

Abb. 35.4.b Potentialverlauf $\Phi(t)$ unter Voraussetzung der in Abb. 35.4a angegebenen Näherung

$\Phi = 0$ fest, so müssen die folgenden Randbedingungen erfüllt werden:

$$\Phi_p(z_p) = 0; \Phi_p(z_m) = \Phi_n(z_m); \Phi_n(z_n) = U_D - U \qquad (35.6)$$

und, da die elektrische Feldstärke eine stetige Funktion von z ist (nur $\varrho(z)$ verläuft unstetig),

$$\left.\begin{aligned} &\left(\frac{d\Phi_p}{dz}\right)_{z=z_p} = 0; \quad \left(\frac{d\Phi_p}{dz}\right)_{z=z_m} = \left(\frac{d\Phi_n}{dz}\right)_{z=z_m}; \\ &\left(\frac{d\Phi_n}{dz}\right)_{z=z_n} = 0. \end{aligned}\right\} \qquad (35.7)$$

Die Integration der Gl. (35.5) von z_p bis $z \leqq z_m$ liefert also

$$\frac{d\Phi_p}{dz} = \frac{en_A}{\varepsilon\varepsilon_0}(z - z_p); \quad \Phi_p = \frac{en_A}{2\varepsilon\varepsilon_0}(z - z_p)^2 \quad (35.8)$$

und von $z \geqq z_m$ bis z_n

$$\left.\begin{aligned} \frac{d\Phi_n}{dz} &= \frac{en_D}{\varepsilon\varepsilon_0}(z_n - z); \\ \Phi_n &= U_D - U - \frac{en_D}{2\varepsilon\varepsilon_0}(z_n - z)^2. \end{aligned}\right\} \quad (35.9)$$

Aus den Randbedingungen bei $z = z_m$ [mittlere Gleichungen (35.6) und (35.7)] erhält man

$$n_A(z_m - z_p) = n_D(z_n - z_m), \quad (35.10)$$

$$\frac{en_A}{2\varepsilon\varepsilon_0}(z_m - z_p)^2 = U_D - U - \frac{en_D}{2\varepsilon\varepsilon_0}(z_n - z_m)^2$$

und daraus

$$z_n - z_m = \sqrt{\frac{2\varepsilon\varepsilon_0\,(U_D - U)\,n_A}{en_D\,(n_D + n_A)}}, \quad (35.11)$$

$$z_m - z_p = \sqrt{\frac{2\varepsilon\varepsilon_0\,(U_D - U)\,n_D}{en_A\,(n_D + n_A)}}. \quad (35.12)$$

Durch Addition dieser beiden Beziehungen folgt für die Dicke der Sperrschicht

$$z_n - z_p = \sqrt{\frac{2\varepsilon\varepsilon_0\,(U_D - U)\,(n_A + n_D)}{en_D\,n_A}}. \quad (35.13)$$

Der in Abb. 35.4*b* qualitativ gezeichnete Potentialverlauf $\Phi(z)$ ist gegeben durch $\Phi(z) = \Phi_p(z)$ für $z_p \leqq z \leqq z_m$ nach Gl. (35.8) und durch $\Phi(z) = \Phi_n(z)$ für $z_m \leqq z \leqq z_n$ nach Gl. (35.9), wobei z_p bzw. z_n mit Hilfe der Gleichungen (35.11) bzw. (35.12) ersetzt wird. Die Kapazität der Sperrschicht ergibt sich aus den entgegengesetzten Raumladungen auf der p- bzw. n-leitenden Seite:

$$\left.\begin{aligned} Q_n &= A\, e n_D\, (z_n - z_m)\,, \\ Q_p &= -A\, e n_A\, (z_m - z_p)\,, \end{aligned}\right\} \tag{35.14}$$

wobei A die Querschnittsfläche des Kristalls darstellt. Durch Vergleich mit den Beziehungen (35.11) und (35.12) findet man sofort

$$Q_p = -\,Q_n = Q \tag{35.15}$$

und damit für die (differentielle) Kapazität

$$\begin{aligned} C = \frac{\mathrm{d}Q}{\mathrm{d}U} &= A\sqrt{\frac{\varepsilon\varepsilon_0\, e n_A n_D}{2\,(n_D + n_A)\,(U_D - U)}} \\ &= \frac{\varepsilon\varepsilon_0\, A}{(z_n - z_p)}\,. \end{aligned} \tag{35.16}$$

Die maximale Feldstärke $E_{z\,max}$ in der Sperrschicht erhält man leicht aus den Beziehungen (35.8) bzw. (35.9) zu

$$\begin{aligned} E_{z\,max} &= -\left(\frac{\mathrm{d}\Phi}{\mathrm{d}z}\right)_{max} = -\sqrt{\frac{2 e n_A n_D (U_D - U)}{\varepsilon\varepsilon_0\,(n_D + n_A)}} \\ &= -\,2\,\frac{U_D - U}{z_n - z_p}\,. \end{aligned} \tag{35.17}$$

Aufgabe:

Man zeige, daß bei einem pn-Übergang, in dem sich die Dotierung nicht wie in Abb. 35.1 *b* sprunghaft, sondern linear mit der Ortskoordinate z ändert, die Kapazität proportional $(U_D - U)^{-1/2}$ ist.

35.2. Strom-Spannungs-Charakteristik

Wir setzen voraus, daß sowohl das p-leitende als auch das n-leitende Material einen nichtentarteten Halbleiter bildet, d. h., daß die FERMIsche Grenzenergie E_F hinreichend weit vom unteren Ende des Leitungsbandes E_L und dem oberen Ende des Valenzbandes E_V entfernt ist, so daß (vgl. Abb. 35.3, S. 99)

$$E_L - E_F \gg kT, \tag{35.18}$$

$$E_F - E_V \gg kT \tag{35.19}$$

gilt; k bezeichnet hierbei die BOLTZMANN-Konstante und T die absolute Temperatur. Dann können wir die Verteilungsfunktion der Elektronen im Leitungsband und der Defektelektronen im Valenzband jeweils durch eine BOLTZMANN-Verteilung annähern. Da bei genügend hoher Temperatur die Gesamtzahl der Elektronen im Leitungsband des n-leitenden Materials pro Volumeneinheit gleich der Donatorenkonzentration n_D ist, ergibt sich also für die Anzahl (bezogen auf die Volumeneinheit) der Elektronen mit Energien größer als $E_L + eU_D$

$$n_{gr} = n_D \exp\left(-\frac{eU_D}{kT}\right) \tag{35.20}$$

und analog für die Anzahl der Defektelektronen pro Volumeneinheit unterhalb des Energieniveaus $E_V - eU_D$

$$n_{kl} = n_A \exp\left(-\frac{eU_D}{kT}\right), \tag{35.21}$$

wobei n_A die Akzeptorenkonzentration bezeichnet. Diese Beziehungen gelten für den thermischen Gleichgewichtszustand ($U = 0$), bei dem keine ortsabhängigen Konzentrationsunterschiede von Elektronen (bzw. Defektelektronen) gleicher Energie vorhanden sein dürfen. Demzufolge stellt n_{gr} auch die Gesamtzahl der Elektronen pro Volumeneinheit im Leitungsband des p-leitenden Materials und p_{kl} die entsprechende Defektelektronendichte im Valenzband des n-leitenden Materials dar (vgl. Abb. 35.3, S. 99).

Es ergibt sich nun die Frage, in welcher Weise die Gleichungen (35.20) und (35.21) abzuändern sind, wenn an den pn-Übergang eine Spannung angelegt wird. Die BOLTZMANN- (bzw. FERMI-) Verteilung darf dann nicht ohne weiteres angewandt werden, da $U \neq 0$ ja einen ständigen Transport von Ladungsträgern bedeutet, d. h. eine Abweichung vom thermischen Gleichgewicht. Wir betrachten die Verhältnisse am pn-Übergang der Einfachheit halber nur für die Elektronen des Leitungsbandes. In Abb. 35.5*a* ist die Verteilungsfunktion der Elektronen (Anzahl der Elektronen pro Energieintervall) für das thermische Gleichgewicht, d. h. $U = 0$, schematisch dargestellt. Die Konzentration von Elektronen einer bestimmten Energie wird dabei durch ständigen Austausch mit den übrigen Elektronen aufrechterhalten (dynamisches Gleichgewicht). Dies wurde in der Abbildung durch die senkrechten Doppelpfeile angedeutet.

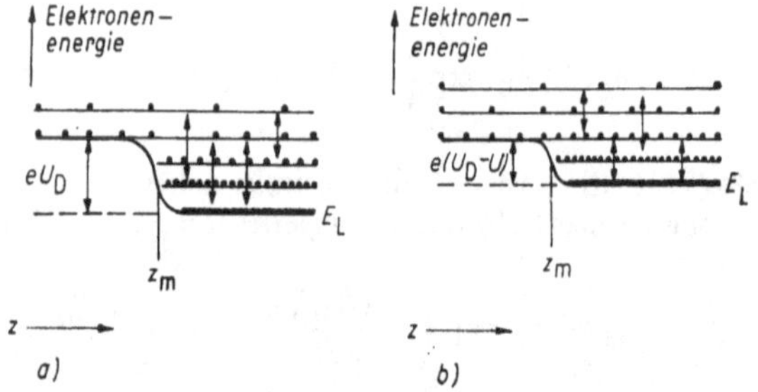

Abb. 35.5. Verteilung der Elektronen im Leitungsband eines pn-Übergangs
a) im thermischen Gleichgewicht;
b) unmittelbar nach Anlegen der Spannung $-U$ an den n-Halbleiter. Die senkrechten Doppelpfeile deuten die ständigen Übergänge an, durch die die Gleichgewichtsverteilung aufrechterhalten wird

Wenn man jetzt an den n-Halbleiter die Spannung $-U$ anlegt, so erhalten alle Elektronen in diesem Teil des pn-Übergangs eine um $+eU$ höhere Energie, d. h., der gesamte rechte Teil des Leitungsbandes von Abb. 35.5*a* wird um diesen Betrag gehoben (vgl. Abb. 35.5*b*). Die Konzentration von Elektronen einer bestimmten Energie ist also damit nicht mehr ortsunabhängig, sondern im p-leitenden Material geringer, und die Elektronen beginnen nach links zu diffundieren.

Wegen der großen Gesamtzahl der Elektronen im n-Halbleiter (n_D) stört dieses Abdiffundieren die thermische Gleichgewichtsverteilung für $z > z_m$ nur wenig. Im p-leitenden Material dagegen treten durch das Eindiffundieren der Elektronen erhebliche Abweichungen auf.

Während also auch für $U \neq 0$ die BOLTZMANN-Verteilung für die Elektronen im n-leitenden Teil (näherungsweise) noch gilt, ist dies im p-leitenden Teil nicht mehr der Fall. Die Anzahl der Elektronen pro Volumeneinheit mit Energien größer als $E_L + e(U_D - U)$ ergibt sich demzufolge im n-Halbleiter zu

$$n_{gr,U} = n_D \exp\left(-\frac{e(U_D - U)}{kT}\right). \tag{35.22}$$

Wenn das Gebiet der Sperrschicht ($z_p \leqq z \leqq z_n$, vgl. Abb. 35.3, S. 99) hinreichend schmal ist — die genauere Formulierung dieser Bedingung wird später gegeben —, dann gilt diese Verteilung auch noch für $z = z_p$, und wir erhalten für die Elektronendichte (Zahl der Elektronen pro Volumeneinheit) an der Stelle z_p im Leitungsband

$$n(z_p) = n_{gr,U} = n_D \exp\left(-\frac{e(U_D - U)}{kT}\right). \tag{35.23}$$

Die Orts- und Zeitabhängigkeit der Elektronendichte n und des dadurch bedingten Stromes I_n im Gebiet $z \leqq z_p$ wird durch die Gleichungen (32.99) und (32.100) gegeben, die wir unter Verwendung der Beziehung (32.103) in der Form

$$\frac{\partial n}{\partial t} = -\frac{n - n_0}{\tau_n} + \frac{1}{eA}\frac{\partial I_n}{\partial z} \tag{35.24}$$

und

$$I_n = eA\left(\frac{e}{kT} D_n n E_z + D_n \frac{\partial n}{\partial z}\right) \tag{35.25}$$

schreiben. τ_n ist dabei die mittlere Lebensdauer der Elektronen, D_n ihr Diffusionskoeffizient, A die Querschnittsfläche des pn-Übergangs und E_z die z-Komponente der elektrischen Feldstärke; n_0 bezeichnet den thermischen Gleichgewichtswert von n, ist also identisch mit der in Gl. (35.20) berechneten Größe n_{gr}, so daß wir

$$n_0 = n_D \exp\left(-\frac{eU_D}{kT}\right) \tag{35.26}$$

schreiben können. Da wir uns im Gebiet $z \leqq z_p$ befinden, enthält E_z keinen Beitrag von den Akzeptoren, die ja nur für $z_p \leqq z \leqq z_m$ nicht neutralisiert sind. Die elektrische Feldstärke würde also, wenn wir von den Defektelektronen absehen, durch die Ortsabhängigkeit der Elektronenkonzentration bestimmt. Eine Vernachlässigung der Defektelektronen ist aber nicht erlaubt, da sie ja im betrachteten Gebiet die Majoritätsträger darstellen. Im Gegenteil, wenn die Elektronenkonzentration n (trotz der Nachlieferung aus dem Gebiet $z > z_p$) klein gegen die Defektelektronenkonzentration bleibt (geringe Injektion!), dann kompensiert sogar die schnelle Konzentrationsänderung der Majoritätsträger (vgl. die Diskussion auf S. 52ff.) die von den Elektronen herrührende Raumladung, und es wird $E_z = 0$. Um die Änderungen zu berechnen, die sich bei stärkeren Injektionen gegenüber der Lösung von Gl. (35.25) mit $E_z = 0$ ergeben, müssen wir zusätzlich zu den Gleichungen (35.24) und

(35.25) die entsprechenden Beziehungen für die Defektelektronen aufschreiben, und zwar gilt [vgl. die Gln. (32.86), (32.90) sowie Gl. (32.93)]

$$\frac{\partial p}{\partial t} = -\frac{p - p_0}{\tau_p} - \frac{1}{eA}\frac{\partial I_p}{\partial z}, \tag{35.27}$$

$$I_p = eA\left(\frac{e}{kT} D_p p E_z - D_p \frac{\partial p}{\partial z}\right). \tag{35.28}$$

Da die Behandlung im allgemeinen Fall zu unübersichtlich wird, begnügen wir uns mit der Näherung für eine geringe Injektion. Aus diesem Grunde können wir

$$\frac{\partial n}{\partial z} \approx \frac{\partial p}{\partial z} \tag{35.29}$$

annehmen und erhalten aus den Gleichungen (35.25) und (35.28)

$$I_n = \frac{nD_n}{pD_p} I_p + eAD_n\left(\frac{n}{p} + 1\right)\frac{\partial n}{\partial z}. \tag{35.30}$$

Führen wir noch den Gesamtstrom

$$I = I_n + I_p \tag{35.31}$$

ein und lösen nach I_n auf, so folgt

$$I_n = \frac{nD_n}{nD_n + pD_p} I + eAD_n \frac{n + p}{n\dfrac{D_n}{D_p} + p}\frac{\partial n}{\partial z}. \tag{35.32}$$

Für den ersten Term auf der rechten Seite können wir nach Einführen der Driftströme $I^{(E)} = I_n^{(E)} + I_p^{(E)}$ [vgl. z. B. Gl. (32.89)]

$$\frac{nD_n}{nD_n + pD_p} I = \frac{I}{I^{(E)}} I_n^{(E)} \tag{35.33}$$

schreiben. Dieser Term ist aber im Verhältnis zu I_n sehr klein, da mit wachsendem Überschuß der Majoritätsträger ($p \gg n$) $I \approx I_p^{(E)} \approx I^{(E)}$ wird und $I_n^{(E)}$ wegen $E_z \to 0$ gegen I_n vernachlässigt werden kann. Ersetzen wir im Quotienten des zweiten Terms von Gl. (35.32) noch die Größen n und p durch ihre Gleichgewichtswerte, so folgt schließlich

$$I_n = eA \left(D_n \frac{n_0 + p_0}{n_0 \dfrac{D_n}{D_p} + p_0} \right) \frac{\partial n}{\partial z}. \tag{35.34}$$

Die in Klammern stehende Größe nennt man den ambipolaren Diffusionskoeffizienten $D_n^{(a)}$ der Elektronen, und wir erhalten damit die Beziehung

$$I_n = eA\, D_n^{(a)} \frac{\partial n}{\partial z}. \tag{35.35}$$

Um die Schreibweise zu vereinfachen, lassen wir im folgenden den Index (a) weg, so daß wir von hier ab unter D_n bzw. D_p die ambipolaren Diffusionskoeffizienten verstehen. Führen wir an Stelle der Elektronenkonzentration n ihre Differenz Δn zum thermischen Gleichgewichtswert n_0 ein,

$$\Delta n = n - n_0, \tag{35.36}$$

so ergeben sich schließlich aus den Gleichungen (35.24) und (35.35) die wichtigen Beziehungen

$$\frac{\partial \Delta n}{\partial t} = -\frac{\Delta n}{\tau_n} + D_n \frac{\partial^2 \Delta n}{\partial z^2}, \tag{35.37}$$

$$I_n = eAD_n \frac{\partial \Delta n}{\partial z}, \tag{35.38}$$

die für das Gebiet $z \leqq z_p$ mit der Anfangsbedingung [vgl. die Gln. (35.23) und (35.26)]

$$\Delta n(z_p) = n_D \exp\left(-\frac{eU_D}{kT}\right)\left\{\exp\left(+\frac{eU}{kT}\right) - 1\right\} \tag{35.39}$$

zu lösen sind. Nehmen wir insbesondere an, daß U aus einer Vorspannung $\overline{U}$ und einer überlagerten kleinen Wechselspannung der Amplitude $\check{U}$ besteht, also

$$U = \overline{U} + \check{U}\cos\omega t, \tag{35.40}$$

und setzen

$$\check{U} \ll \frac{kT}{e} \tag{35.41}$$

voraus (bei Zimmertemperatur ist $kT/e \approx 25$ mV), so ergibt sich

$$\Delta n(z_p) = n_D \exp\left(-\frac{eU_D}{kT}\right)\left\{\exp\left(\frac{e\overline{U}}{kT}\right) - 1\right\} + n_D \exp\left(-\frac{e}{kT}(U_D - \overline{U})\right)\frac{e\check{U}}{kT}\cos\omega t. \tag{35.42}$$

Wir beginnen mit der Lösung der Gleichungen (35.37) und (35.38) für den Fall

$$\check{U} = 0. \tag{35.43}$$

Dann ist der Anfangswert $\Delta n(z_p)$ zeitunabhängig, und da wir uns nur für die stationäre Lösung interessieren, muß auch $\Delta n(z)$ zeitunabhängig sein $[\Delta n(z) \to \overline{\Delta n}(z)]$. Aus Gl. (35.37) folgt also

$$\frac{\overline{\Delta n}}{\tau_n} = D_n \frac{d^2\overline{\Delta n}}{dz^2} \tag{35.44}$$

oder

$$\overline{\Delta n} = c_1 \exp\left(-\frac{z_p - z}{\sqrt{\tau_n D_n}}\right) + c_2 \exp\left(\frac{z_p - z}{\sqrt{\tau_n D_n}}\right) \tag{35.45}$$

für $z \leqq z_p$. Wir nehmen an, daß der Abstand des ohmschen Kontaktes (bei $z = 0$, vgl. Abb. 35.1a, S. 97) von der Sperrschicht (vgl. Abb. 35.3, S. 99) hinreichend groß ist, so daß

$$z_p \gg \sqrt{\tau_n D_n} \tag{35.46}$$

gilt. Dann muß aber, da ja $\overline{\Delta n}$ nicht mit wachsendem $z_p - z$ zunehmen kann, die Integrationskonstante c_2 verschwinden und c_1 gleich dem Anfangswert $\overline{\Delta n}(z_p)$ sein. Wir erhalten also

$$\overline{\Delta n}(z) = n_D \exp\left(-\frac{eU_D}{kT}\right)\left\{\exp\left(\frac{e\bar{U}}{kT}\right) - 1\right\} \times \exp\left(-\frac{z_p - z}{\sqrt{\tau_n D_n}}\right). \tag{35.47}$$

Die Größe $\sqrt{\tau_n D_n}$ wird als Diffusionslänge der Elektronen bezeichnet. Sie stellt, wie man aus Gl. (35.47) erkennt, diejenige Strecke dar, längs der ein Überschuß an Elektronen bei reiner Diffusion im unendlich ausgedehnten Material sich auf den e-ten Teil verringert.

Durch Einsetzen der Lösung (35.47) in die Gl. (35.38) ergibt sich für den Elektronengleichstrom

$$\bar{I}_n = eA \sqrt{\frac{D_n}{\tau_n}}\, n_D \exp\left(-\frac{eU_D}{kT}\right)\left\{\exp\left(\frac{e\bar{U}}{kT}\right) - 1\right\} \times \exp\left(-\frac{z_p - z}{\sqrt{\tau_n D_n}}\right). \tag{35.48}$$

Die Ortsabhängigkeit von $\overline{\Delta n}$ und $\bar{I}_n$ ist in Abb. 35.6 dargestellt. Man sieht, daß $\overline{\Delta n}(z)$ und $\bar{I}_n(z)$ für thermisches Gleichgewicht ($\bar{U} = 0$) überall verschwinden, daß aber für $\bar{U} > 0$ (d. h., wenn die p-leitende Seite positiv gegen die n-leitende Seite vorgespannt ist) zusätzliche Elektronen in den p-leitenden Teil des pn-Übergangs hinein-

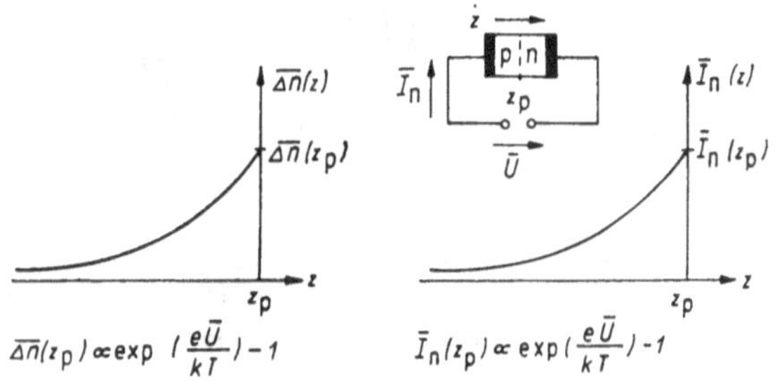

Abb. 35.6. Ortsabhängigkeit des Elektronenüberschusses $\overline{\Delta n}(z)$ und des Elektronengleichstromes $\bar{I}_n(z)$ im Gebiet links der Sperrschicht ($z \leq z_p$)

diffundieren, wobei sowohl $\overline{\Delta n}(z)$ als auch der zugehörige Strom $\bar{I}_n(z)$ mit wachsender Eindringtiefe $z_p - z$ exponentiell abnehmen. Zur vollständigen Beschreibung dieser Erscheinung müssen wir noch das Verhalten der Majoritätsträger, also der Defektelektronen, mit berücksichtigen. Beim Eintreten der zusätzlichen Elektronen in das p-leitende Gebiet kommen sofort Majoritätsträger (Defektelektronen) vom ohmschen Kontakt und stellen die Neutralität wieder her ($E_z \approx 0$). Die Zeitkonstante für die Konzentrationserhöhung und Umgruppierung der Majoritätsträger ist die im Abschnitt 32, S. 53, berechnete dielektrische Relaxationszeit. Bei geringen Injektionen ($n \ll p$), die wir ohnehin voraussetzen mußten, erfolgen diese Änderungen viel schneller als diejenigen der Minoritätsträger und bestimmen deshalb nicht den zeitlichen Verlauf des Gesamtvorgangs, der schematisch in Abb. 35.7 dargestellt ist.

Da sich der Gesamtstrom I additiv aus dem Elektronenstrom I_n und dem Defektelektronenstrom I_p zusammensetzt und ortsunabhängig sein muß, nimmt also I_p in dem Maße zu, in dem I_n kleiner wird, so daß schließlich für $z_p - z \gg \sqrt{\tau_n D_n}$ die Defektelektronen den Gesamtstrom tragen (vgl. Abb. 35.8). Diese Stromübernahme wird durch die verstärkte Rekombination bei höheren Kon-

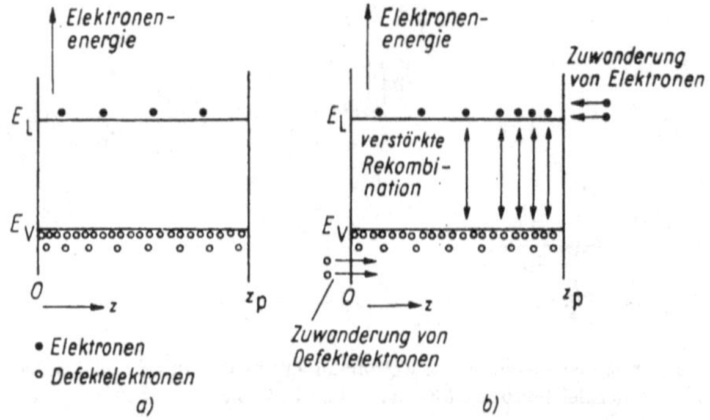

Abb. 35.7. Schematische Darstellung der Vorgänge im Gebiet $0 \leq z \leq z_p$
a) ohne äußere Spannung ($\bar{U} = 0$); b) die p-Seite ist positiv gespannt
Bei $z = 0$ liegt der ohmsche Kontakt, und bei z_p beginnt die Sperrschicht

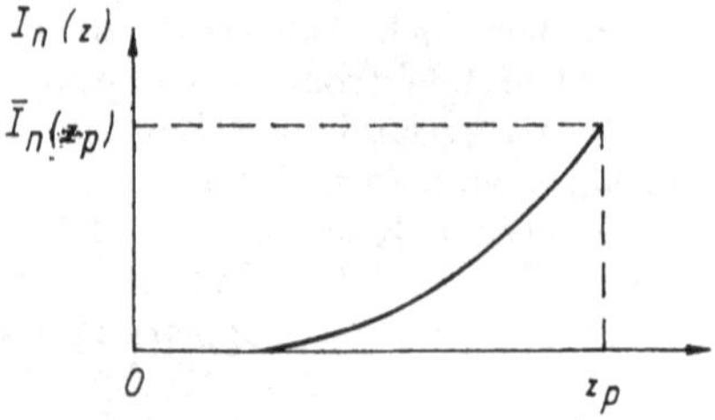

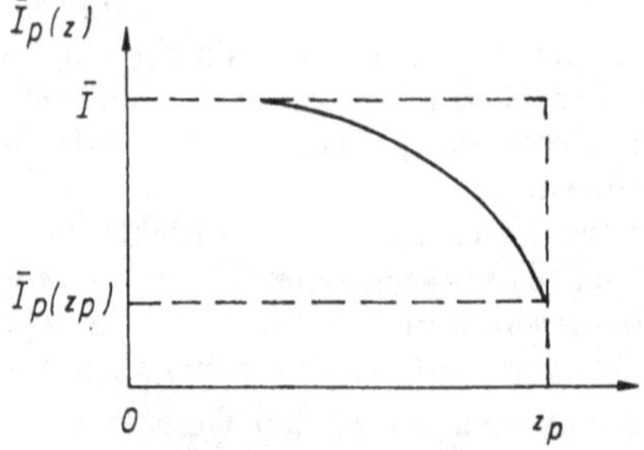

Abb. 35.8. Ortsabhängigkeit des Elektronen-($\bar{I}_n$) und des Defektelektronenstromes ($\bar{I}_p$) im Gebiet $0 \leq z \leq z_p$

zentrationen der Ladungsträger bewirkt, die schematisch durch Doppelpfeile in Abb. 35.7*b* dargestellt ist.

Als nächstes lösen wir die Gleichungen (35.37) und (35.38) für den allgemeinen Fall

$$\check{U} \neq 0, \tag{35.49}$$

wobei aber die Ungleichung (35.41) noch erfüllt sein soll. In der komplexen Darstellung lautet die Anfangsbedingung (35.42)

$$\Delta n(z_\mathrm{p}) = \mathrm{Re}\left\{n_\mathrm{D} \exp\left(-\frac{eU_\mathrm{D}}{kT}\right)\left[\exp\left(\frac{e\overline{U}}{kT}\right) - 1\right]\right. \\ \left. + n_\mathrm{D} \exp\left(-\frac{e}{kT}(U_\mathrm{D} - \overline{U})\right)\frac{e}{kT}\check{U} \exp(j\omega t)\right\}, \tag{35.50}$$

und wir versuchen als Lösungsansatz

$$\Delta n(z) = \mathrm{Re}\,\{\overline{\Delta n}(z) + \underline{n}(z) \exp(j\omega t)\} \tag{35.51}$$

mit $\overline{\Delta n}(z)$ nach Gl. (35.47). Einsetzen in Gl. (35.37) liefert

$$j\omega\underline{n}(z) = -\frac{\underline{n}(z)}{\tau_\mathrm{n}} + D_\mathrm{n}\frac{\mathrm{d}^2\underline{n}(z)}{\mathrm{d}z^2} \tag{35.52}$$

oder

$$\frac{\mathrm{d}^2\underline{n}(z)}{\mathrm{d}z^2} = \frac{\underline{n}(z)}{\tau_\mathrm{n}D_\mathrm{n}}(1 + j\omega\tau_\mathrm{n}) \tag{35.53}$$

mit der Anfangsbedingung

$$\underline{n}(z_\mathrm{p}) = n_\mathrm{D} \exp\left(-\frac{e}{kT}(U_\mathrm{D} - \overline{U})\right)\frac{e}{kT}\check{U}\,. \tag{35.54}$$

Die Lösung lautet unter der Annahme, daß der ohmsche Kontakt hinreichend weit von der Sperrschicht entfernt ist [vgl. oben Gl. (35.45) ff.],

$$\underline{n}(z) = n_D \exp\left(-\frac{e}{kT}(U_D - \bar{U})\right) \times \frac{e\check{U}}{kT} \exp\left(-(z_p - z)\sqrt{\frac{1 + j\omega\tau_n}{\tau_n D_n}}\right). \quad (35.55)$$

Für den Elektronenstrom $I_n(z)$ schreiben wir analog zu Gl. (35.51)

$$I_n(z) = \mathrm{Re}\,\{\bar{I}_n(z) + \underline{I}_n(z)\exp(j\omega t)\} \quad (35.56)$$

mit $\bar{I}_n(z)$ nach Gl. (35.48) und erhalten aus Gl. (35.38)

$$\underline{I}_n(z) = eA\sqrt{\frac{D_n}{\tau_n}}\,\frac{e\check{U}}{kT}\sqrt{1 + j\omega\tau_n}\,n_D \times \exp\left(-\frac{e}{kT}(U_D - \bar{U})\right)\exp\left(-(z_p - z)\sqrt{\frac{1 + j\omega\tau_n}{\tau_n D_n}}\right). \quad (35.57)$$

Die Gleichungen (35.55) und (35.57) zeigen, daß auch die zeitabhängigen Anteile von Δn und I_n mit wachsender Eindringtiefe $(z_p - z)$ kleiner werden. Als Lösung der beiden Gleichungen (35.37) und (35.38) für den Stromanteil, der von den Elektronen des Leitungsbandes im p-Halbleiter getragen wird, ergibt sich also insgesamt $(z \leqq z_p)$

$$I_n(z) = eA\sqrt{\frac{D_n}{\tau_n}}\,n_D \exp\left(-\frac{eU_D}{kT}\right)\left[\left\{\exp\left(\frac{e\bar{U}}{kT}\right) - 1\right\} \times \exp\left(-\frac{z_p - z}{\sqrt{D_n\tau_n}}\right) + \mathrm{Re}\left\{\frac{e\check{U}}{kT}\sqrt{1 + j\omega\tau_n} \times \exp\left(\frac{e\bar{U}}{kT}\right)\exp\left(-\frac{z_p - z}{\sqrt{D_n\tau_n}}\sqrt{1 + j\omega\tau_n} + j\omega t\right)\right\}\right], \quad (35.58)$$

sofern die Spannung

$$U = \bar{U} + \check{U} \cos \omega t \tag{35.59}$$

mit

$$\check{U} \ll \frac{kT}{e} \tag{35.60}$$

am pn-Übergang anliegt. Positives U bedeutet dabei, daß die p-Seite positiv vorgespannt ist, und $I_n > 0$, daß sich Elektronen vom n- zum p-Halbleiter bewegen (vgl. Abb. 35.6, S. 111).

Um den Gesamtstrom I zu erhalten, müssen wir zu I_n nach Gl. (35.58) noch den Stromanteil I_p addieren, der von den Defektelektronen herrührt. Da aber der Gesamtstrom von z unabhängig sein muß, genügt es, I_p für irgendeinen günstigen Wert von z aufzuschreiben und I_n für diesselbe Ortskoordinate zu addieren.

Zu diesem Zweck wiederholen wir alle Überlegungen, die wir bisher für die Elektronen im Gebiet $z \leqq z_p$ durchgeführt haben, analog für die Defektelektronen im Gebiet $z \geqq z_n$. Es ergibt sich dann in Analogie zu Gl. (35.58)

$$I_p(z) = eA \sqrt{\frac{D_p}{\tau_p}}\, n_A \exp\left(-\frac{eU_D}{kT}\right) \left[\left\{\exp\left(\frac{e\bar{U}}{kT}\right) - 1\right\} \times \exp\left(-\frac{z - z_n}{\sqrt{D_p \tau_p}}\right) + \mathrm{Re}\left\{\frac{e\check{U}}{kT} \sqrt{1 + j\omega\tau_p}\, \exp\left(\frac{e\bar{U}}{kT}\right) \times \exp\left(-\frac{z - z_n}{\sqrt{D_p \tau_p}} \sqrt{1 + j\omega\tau_p} + j\omega t\right)\right\}\right], \tag{35.61}$$

wobei n_A die Akzeptorendichte im p-leitenden Material darstellt. τ_n bezeichnet die mittlere Lebensdauer der Defektelektronen und D_p steht an Stelle des ambipolaren Diffusionskoeffizienten

$$D_p^{(a)} = D_p \frac{p_0 + n_0}{p_0 \dfrac{D_p}{D_n} + n_0}, \tag{35.62}$$

der für geringe Injektionen mit dem wahren Diffusionskoeffizienten D_p identisch ist.

Abb. 35.9 zeigt die z-Abhängigkeit der Gleichstromanteile. Die ausgezogenen Kurven geben das Resultat der Gleichungen (35.58) und (35.61) (für $\check{U} = 0$) wieder,

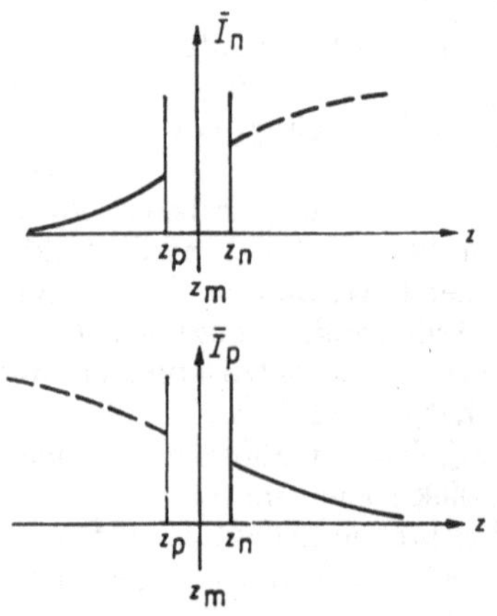

Abb. 35.9. Ortsabhängigkeit des Elektronen-($\bar{I}_n$) und des Defektelektronengleichstroms ($\bar{I}_p$) in einem pn-Übergang
Die ausgezogenen Kurven stellen die Resultate der rechnerischen Behandlung [Gln. (35.58) und (35.61) für $\check{U} = 0$] dar und die gestrichelten Kurven die Differenzen zum Gesamtstrom

während die gestrichelten Kurven die Differenz aus dem (zunächst unbekannten) Gesamtstrom und dem berechneten Stromanteil darstellen.

Im Gebiet der Sperrschicht ($z_p \leqq z \leqq z_n$) herrscht sowohl eine starke elektrische Feldstärke (infolge der nichtkompensierten Donatoren und Akzeptoren) als auch ein sehr großer Konzentrationsgradient der Ladungsträger (infolge des Übergangs vom p- zum n-leitenden Material), und die Berechnung der Ströme wird hier sehr aufwendig. Wenn aber die Rekombination gering ist, dann werden alle bei $z = z_n$ in die Sperrschicht eintretenden Elektronen auch wieder auf der anderen Seite bei $z = z_p$ austreten, d. h., es wird

$$I_n(z_n) = I_n(z_p) \tag{35.63}$$

gelten und analog für die Defektelektronen

$$I_p(z_p) = I_p(z_n). \tag{35.64}$$

Die bisher notwendige Voraussetzung geringer Rekombination läßt sich mathematisch durch die Ungleichungen

$$z_n - z_p \ll \sqrt{D_n \tau_n},\ \sqrt{D_p \tau_p} \tag{35.65}$$

ausdrücken, wonach die Diffusionslängen groß gegen die Sperrschichtdicke sein müssen. Dies ist gewöhnlich erfüllt; lediglich bei Wechselströmen höherer Frequenz treten Schwierigkeiten auf, da für die exponentielle Abnahme der Amplitude des Wechselstroms an Stelle der Diffusionslänge ein um den Faktor $(1 + j\omega\tau_n)^{-1/2}$ kleinerer Wert [vgl. Gl. (35.58)] maßgebend ist. Hinsichtlich Einzelheiten wird auf die grundlegende Arbeit von Shockley [S 3] verwiesen. Wir setzen für das Weitere voraus, daß die Gleichungen (35.63) und (35.64) erfüllt sind, und erhalten damit für den Gesamtstrom I, den wir an der Stelle z_p berechnen:

$$\begin{aligned} I &= I_n(z_p) + I_p(z_p) \\ &= I_n(z_p) + I_p(z_n), \end{aligned} \tag{35.66}$$

wobei $I_n(z_p)$ nach Gl. (35.58) und $I_p(z_n)$ nach Gl. (35.61) einzusetzen ist.

Für den Gesamtgleichstrom $\bar{I}$ ergibt sich also

$$\begin{aligned} \bar{I} &= \bar{I}_n(z_p) + \bar{I}_p(z_n) \\ &= I_S \left\{ \exp\left(\frac{e\bar{U}}{kT}\right) - 1 \right\} \end{aligned} \tag{35.67}$$

mit dem Sättigungsstrom

$$I_S = eA\left(n_D\sqrt{\frac{D_n}{\tau_n}} + n_A\sqrt{\frac{D_p}{\tau_p}}\right)\exp\left(-\frac{eU_D}{kT}\right). \qquad (35.68)$$

Die zugehörige Strom-Spannungs-Charakteristik zeigt Abb. 35.10.

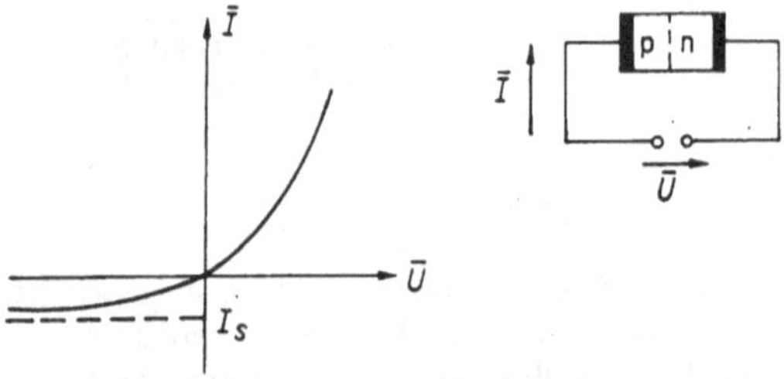

Abb. 35.10. Strom-Spannungs-Charakteristik eines pn-Übergangs I_s ist der Sättigungsstrom [vgl. Gl. (35.68)]

Die Durchlaßrichtung liegt also vor, wenn das p-leitende Material positiv vorgespannt ist. Für $n_D \gg n_A$ wird der Strom vorwiegend von den Elektronen und im umgekehrten Fall von den Defektelektronen bestimmt. Man spricht dann von unsymmetrischen pn-Übergängen.

Aus Gl. (35.68) ersieht man, daß der Sättigungsstrom (Sperrstrom) um so kleiner wird, je größer U_D ist. Gemäß der Definitionsgleichung von U_D [vgl. Gl. (35.3)] erwartet man also, daß pn-Übergänge um so kleinere Sperrströme besitzen, je größer die Breite der verbotenen Zone $(E_L - E_V)$ des verwendeten Halbleitermaterials ist. In der Tat zeigen Siliziumdioden auch viel kleinere Sperrströme (etwa 10^{-9} A) als beispielsweise Germaniumdioden (etwa 10^{-6} A). Der Unterschied ist aber geringer, als man auf Grund der hier dargestellten Theorie [Gl. (35.68)] mit den bekannten Zahlenwerten (Tab. 32.1, S. 15, und Tab. 32.2, S. 17) erwarten müßte. Als Ursache kommt die

Paarbildung in der Sperrschicht in Frage. In diesem Zusammenhang soll noch erwähnt werden, daß Siliziumdioden wegen der größeren Breite ihrer verbotenen Zone eine höhere Arbeitstemperatur zulassen (bis 150 °C) als Germaniumdioden, bei denen die Eigenleitung schon früher einsetzt.

Für die komplexe Amplitude $\underline{I}$ des Gesamtwechselstromes

$$\mathrm{Re}\,\{\underline{I}\exp(j\omega t)\}$$

ergibt sich aus Gl. (35.66) mit den Gleichungen (35.58) und (35.61)

$$\begin{aligned}\underline{I} &= \underline{I}_{\mathrm{n}}(z_{\mathrm{p}}) + \underline{I}_{\mathrm{p}}(z_{\mathrm{n}})\\ &= \frac{e^2A}{kT}\exp\left(-\frac{eU_{\mathrm{D}}}{kT}\right)\check{U}\exp\left(\frac{e\overline{U}}{kT}\right)\\ &\quad\times\left[n_{\mathrm{D}}\sqrt{\frac{D_{\mathrm{n}}}{\tau_{\mathrm{n}}}(1+j\omega\tau_{\mathrm{n}})} + n_{\mathrm{A}}\sqrt{\frac{D_{\mathrm{p}}}{\tau_{\mathrm{p}}}(1+j\omega\tau_{\mathrm{p}})}\right]\end{aligned} \tag{35.69}$$

und damit für den komplexen Leitwert des pn-Übergangs

$$\begin{aligned}\underline{Y} = \frac{\underline{I}}{\check{U}} = \frac{e^2A}{kT}\exp\left(-\frac{eU_{\mathrm{D}}}{kT}\right)&\left[n_{\mathrm{D}}\sqrt{\frac{D_{\mathrm{n}}}{\tau_{\mathrm{n}}}(1+j\omega\tau_{\mathrm{n}})}\right.\\ &\left.+\, n_{\mathrm{A}}\sqrt{\frac{D_{\mathrm{p}}}{\tau_{\mathrm{p}}}(1+j\omega\tau_{\mathrm{p}})}\right]\exp\left(\frac{e\overline{U}}{kT}\right).\end{aligned} \tag{35.70}$$

Um die weitere Diskussion zu vereinfachen, nehmen wir an, daß es sich um einen unsymmetrischen Übergang mit

$$n_{\mathrm{D}} \gg n_{\mathrm{A}} \tag{35.71}$$

handelt. Dann folgt aus Gl. (35.70) unter Verwendung der Gleichungen (35.67) und (35.68) (der Index n soll darauf hinweisen, daß die Größen $\underline{Y}$, $\overline{I}$ und I_{S} nur durch den

Elektronenstrom bestimmt werden)

$$\underline{Y}_n = \frac{e}{kT}(\bar{I}_n + I_{ns})\sqrt{1 + j\omega\tau_n}$$

$$= G_n + j\omega C_n \tag{35.72}$$

mit

$$G_n = \frac{e}{\sqrt{2}\,kT}(\bar{I}_n + I_{ns})\sqrt{\sqrt{1 + \omega^2\tau_n^2} + 1}, \tag{35.73}$$

$$C_n = \frac{e}{\sqrt{2}\,kT\omega}(\bar{I}_n + I_{ns})\sqrt{\sqrt{1 + \omega^2\tau_n^2} - 1}. \tag{35.74}$$

Man sieht, daß der Leitwert des pn-Übergangs infolge der in das Gebiet $z \leqq z_p$ diffundierenden Elektronen komplex ist und durch eine Parallelschaltung des reellen Leitwertes G_n und der Kapazität C_n dargestellt werden kann. Die Größe C_n darf natürlich nicht mit der im Abschnitt 35.1. berechneten Sperrschichtkapazität C verwechselt werden, die frequenzunabhängig ist und durch die Beziehung

$$C = A\sqrt{\frac{\varepsilon\varepsilon_0 e n_A n_D}{2\,(n_D + n_A)\,(U_D - \bar{U})}} \tag{35.75}$$

gegeben wird [vgl. Gl. (35.16)]. Für große Gleichströme $\bar{I}$ kann C_n beträchtlich größer als C werden, während in der Sperrichtung ($I = I_S$) die Kapazität C_n verschwindet. Wie man aus den Gleichungen (35.73) und (35.74) weiterhin leicht ableitet, werden G_n und C_n für niedrige Frequenzen ($\omega\tau_n \ll 1$) frequenzunabhängig. Im anderen Grenzfall ($\omega\tau_n \gg 1$) wächst G_n proportional $\sqrt{\omega}$, und C_n nimmt mit $1/\sqrt{\omega}$ ab. Da die mittleren Lebensdauern der Ladungsträger (τ_n und τ_p) in Germanium und Silizium im Bereich von $10^{-9} \ldots 10^{-3}$ s liegen, ist unter Umständen schon bei mäßig hohen Frequenzen mit einer Frequenzabhängigkeit von G_n und C_n zu rechnen.

Bei den bisherigen Betrachtungen wurde angenommen, daß die Diffusionslänge klein gegen den Abstand des ohmschen Kontaktes von der Sperrschicht ist. Für die Elektronen lautete diese Bedingung [vgl. Gl. (35.46)]

$$z_p \gg \sqrt{\tau_n D_n}, \tag{35.76}$$

und analog mußte bei der Ableitung von Gl. (35.61)

$$z_k - z_n \gg \sqrt{\tau_p D_p} \tag{35.77}$$

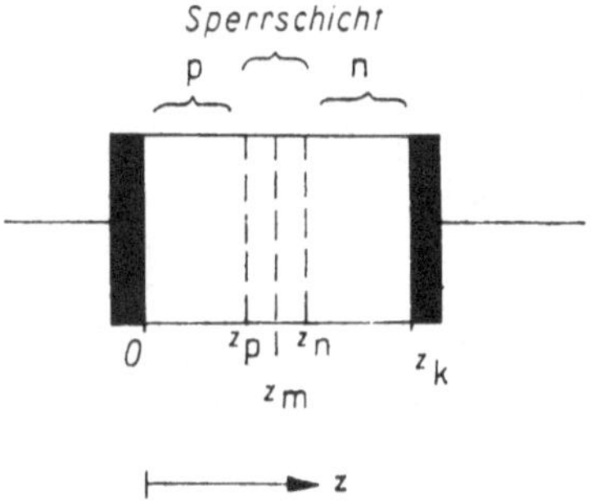

Abb. 35.11. Bedeutung der z-Koordinatenwerte $(0, z_p, z_m, z_n, z_k)$

vorausgesetzt werden, wenn man mit z_k die z-Koordinate des ohmschen Kontaktes am n-leitenden Material bezeichnet (vgl. Abb. 35.11), d. h., die über die Sperrschicht in das Halbleitermaterial hineindiffundierenden Minoritätsträger gelangen nicht bis an die ohmschen Kontakte.

Im allgemeinen Fall ist die Theorie auch durchführbar, ihre Resultate hängen aber von den Randbedingungen ab, d. h. dem Wert, den man der Minoritätsträgerkonzentration am ohmschen Kontakt zuschreibt. Für den entgegengesetzten Grenzfall (Diffusionslängen groß gegen den Kontaktabstand) wird man erwarten, daß τ_n bzw. τ_p durch die mittlere Diffusionszeit von der Sperrschicht bis zum ohmschen Kontakt zu ersetzen ist, also

$$\tau_n \to \frac{z_p^2}{2D_n}, \quad \tau_p \to \frac{(z_k - z_n)^2}{2D_p}, \tag{35.78}$$

da diese Größen ja dann die mittlere Lebensdauer der Minoritätsträger darstellen. Auf diese Weise lassen sich durch Verkleinerung der Abstände die Hochfrequenzeigenschaften der pn-Übergänge verbessern.

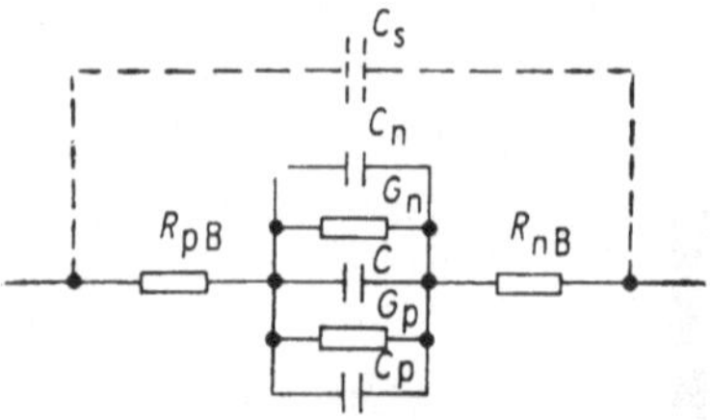

Abb. 35.12. Vollständiges Ersatzschaltbild eines pn-Übergangs für geringe Injektionen und kleine Wechselspannungsamplituden

Zum Abschluß geben wir in Abb. 35.12 noch das vollständige Ersatzschaltbild eines pn-Übergangs an, wie es aus der hier dargestellten Theorie, d. h. insbesondere unter den Voraussetzungen kleiner Injektion ($p \gg n$ im p-leitenden Teil und $n \gg p$ im n-leitenden Teil) und geringer Wechselspannung ($\check{U} \ll kT/e \approx 25$ mV) folgt. R_{pB} und R_{nB} sind die Widerstände des halbleitenden Materials zwischen den ohmschen Kontakten und der Sperrschicht (Bahnwiderstände), C_S bezeichnet die Schaltkapazität, C die Sperrschichtkapazität [Gl. (35.75)] und G_n bzw. C_n die durch die Gleichungen (35.73) bzw. (35.74) gegebenen frequenzabhängigen Größen. Für G_p und C_p gelten analoge Beziehungen, in denen lediglich die Indizes p und n zu vertauschen sind.

Bei höheren Injektionen und größeren Wechselspannungen wird die Theorie wesentlich komplizierter. Die

Resultate sind dann im allgemeinen nicht in geschlossener Form darstellbar und werden im nächsten Abschnitt qualitativ diskutiert.

36. Spezielle Halbleiterdioden

Wir beginnen mit einem Vergleich der charakteristischen Eigenschaften von Metall-Halbleiter-Dioden (Spitzendioden), Halbleiter-Flächendioden und Röhrendioden. Als Vorteile der Halbleiterdioden sind anzusehen:

1. die kleineren Ausmaße und der Wegfall einer Heizung,

2. die geringeren Kapazitäten [z. B. Siliziumspitzendioden mit etwa 0,1 pF im Vergleich zu Spezialausführungen von Röhrendioden (EA 52) mit etwa 0,5 pF],

3. die größere Krümmung der Kennlinie in der Nähe des Nullpunktes, wobei aber die Krümmung und die Kapazität der verschiedenen Halbleiterdiodentypen die gleiche Tendenz besitzen (vgl. Tab. 36.1).

Tabelle 36.1
Qualitative Abhängigkeit der Gesamtkapazität (ohne Vorspannung) und der Kennlinienkrümmung vom Diodentyp

Halbleiter-Flächendioden	Golddraht-dioden	Germanium-spitzendioden	Silizium-spitzendioden
> 10 pF größte Krümmung der Kennlinie $\left(\propto \exp\left(\frac{eU}{kT}\right) - 1\right)$	$10 \cdots 1$ pF	$\geqq 1$ pF	$\approx 0,1$ pF geringste Krümmung, aber noch besser als bei Röhrendioden

Als Nachteile gegenüber den Röhrendioden sind zu erwähnen:

1. die hohe Temperaturabhängigkeit, insbesondere in Sperrichtung (zum Beispiel muß man bei Zimmertemperatur mit einem Temperaturkoeffizienten des Sperrwiderstandes von $-2 \cdots -8\%\,K^{-1}$ rechnen),

2. das Auftreten von Trägheitserscheinungen in den Fällen, wo der Strom durch Minoritätsträger bestimmt wird (Halbleiter-Flächendioden, Golddrahtdioden, einige Germaniumspitzendioden).

Die Trägheitserscheinungen beruhen auf der Tatsache, daß für den Aufbau und den Abbau des Minoritätsträgerüberschusses (vgl. Abb. 35.6, *links*, S. 111) eine gewisse Zeit notwendig ist.

Abb. 36.1*a* zeigt qualitativ die zeitliche Änderung des Durchlaßwiderstandes, wenn der Strom durch die Diode

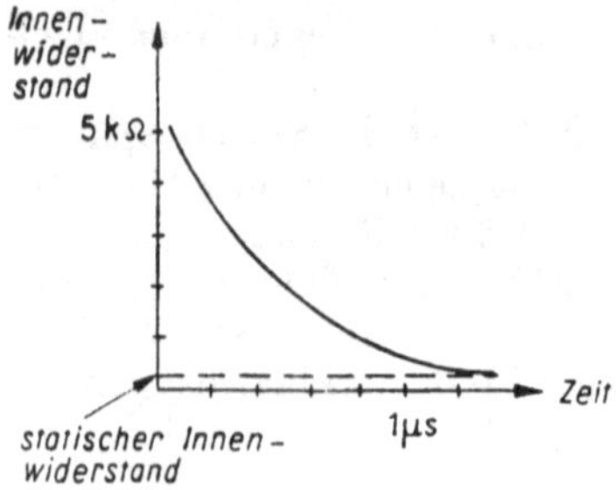

Abb. 36.1a. Zeitliche Änderung des Innenwiderstandes einer trägen Diode, wenn zur Zeit $t = 0$ ein konstanter Strom in Durchlaßrichtung angelegt wird

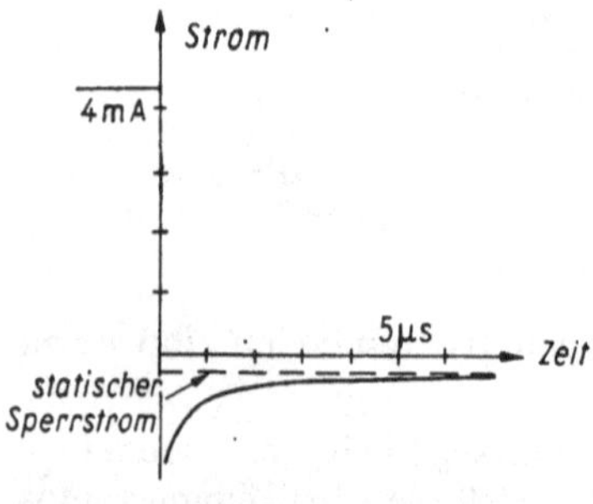

Abb. 36.1b. Trägheitserscheinung des Stromes beim Umschalten von der Durchlaß- in die Sperrichtung (zur Zeit $t = 0$ wird die angelegte Gleichspannung umgeschaltet)

zum Zeitpunkt $t = 0$ von Null auf einen konstanten Wert springt (zur Zeit $t = 0$ wird eine Gleichstromquelle mit unendlich großem Innenwiderstand an die Diode angeschaltet).

Die Zeit vom Umschalten bis zur Einstellung des statischen Wertes (oder eines bestimmten Bruchteiles davon) bezeichnet man als Durchlaßverzögerung t_d. Der nicht trägheitslose Abbau des Minoritätsträgerüberschusses beim Umschalten einer Diode von der Durchlaß- in die Sperrichtung führt zu der in Abb. 36.1*b* qualitativ dargestellten Zeitabhängigkeit des Diodenstromes. Die entsprechende Zeitkonstante, die von der Größe des Durchlaßstromes, der Sperrspannung und dem Innenwiderstand der Stromquelle abhängt, bezeichnet man als Sperrverzögerung t_s (Relaxationszeit, „recovery time"). Sie liegt in der Größenordnung $10^{-9} \ldots 10^{-6}$ s. Zur Verringerung der Trägheitseffekte, die sich bei der Kleinsignaltheorie des vorigen Abschnitts in der Frequenzabhängigkeit des Leitwerts $\underline{Y}$ äußerten [vgl. Gl. (35.70)], gibt es zwei Möglichkeiten, nämlich τ_n und τ_p durch den Einbau von Rekombinationszentren zu verkürzen oder die Abstände der ohmschen Kontakte von der Sperrschicht, d. h. die Bahngebiete, zu verringern [vgl. die Gln. (35.78)].

Als eine weitere charakteristische Eigenschaft der Halbleiterdioden, die sich je nach Anwendung als vorteilhaft oder nachteilig erweisen kann, sind die Abweichungen von der theoretischen Strom-Spannungs-Kennlinie [Gl. (35.67)] zu nennen. Solche Abweichungen treten bei hohen Spannungen sowohl in der Durchlaß- als auch in der Sperrichtung auf. Bei hohen Durchlaßströmen wird die Kennlinie durch den Spannungsabfall an den Bahnwiderständen linearisiert, während bei höheren Sperrspannungen nach Überschreiten eines gewissen Grenzwertes der Strom sprunghaft ansteigt. Es kann sich dabei entweder um einen sog. Wärmedurchbruch (Kurve *W* in Abb. 36.2) handeln, wenn die im Halbleiter in Wärme umgesetzte Leistung ein bestimmtes Maß überschreitet, oder es tritt infolge der hohen elektrischen Feldstärke ein rein elektrischer Durchbruch ein (Kurve *E* in Abb. 36.2).

Insbesondere die letztgenannte Erscheinung verdient besonderes Interesse, da sie einen reversiblen Vorgang darstellt und zur Entwicklung der für praktische Anwendungen wichtigen ZENER-*Dioden* geführt hat.

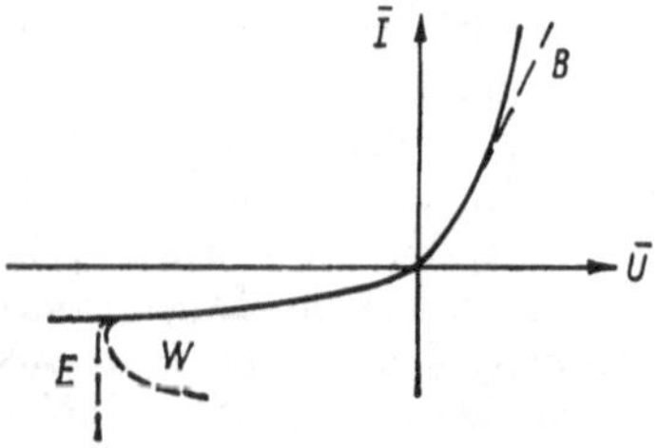

Abb. 36.2. Abweichungen der wahren Kennlinie vom theoretischen Verlauf Gl. (35.67)
B Linearisierung infolge der Bahnwiderstände; *E* elektrischer Durchbruch; *W* Wärmedurchbruch

Als Ursache dieses elektrischen Durchbruchs kommen zwei Effekte in Frage, und zwar

1. die innere Feldemission (ZENER-Effekt),
2. die Stoßionisation.

Abb. 36.3 zeigt das Bändermodell eines pn-Übergangs für hohe Sperrspannungen.

Beim ZENER-Effekt, der in Abb. 36.3*a* schematisch dargestellt ist, tritt ein Elektron aus dem Valenzband infolge des quantenmechanischen Tunneleffektes in das Leitungsband über, ohne seine Energie zu ändern. Die Übergangswahrscheinlichkeit und damit die Paarbildungsrate wird um so größer, je geringer der horizontale Abstand des Leitungsbandes vom Valenzband ist, d. h., je größere Werte $\bar{U} + U_D$ bei gegebenem vertikalem Abstand $(E_L - E_V)$ annimmt. Bei der Stoßionisation dagegen (vgl. Abb. 36.3*b*) wächst auch die Paarbildungsrate mit U, jedoch ist hier die Steilheit des Bandabfalls maßgebend. Wenn sich ein Elektron, bedingt durch eine äußere Spannung, in Richtung abnehmender Gesamtenergie bewegt, so wird der Energieüberschuß im allgemeinen durch Stöße mit dem Kristallgitter abgefangen, und es kommt im Mittel zu einer Bewegung mit konstanter Geschwindigkeit (vgl. S. 16). Im Bändermodell würde dies einer Bewegung mit konstantem Abstand von der unteren Grenze des Leitungsbandes (E_L) entsprechen.

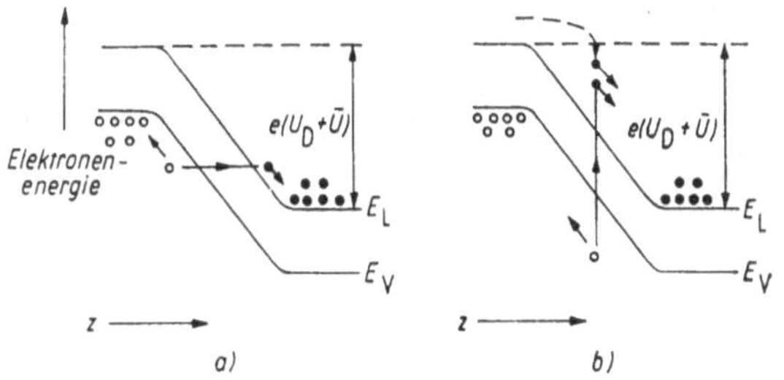

Abb. 36.3. Bändermodell eines pn-Übergangs für hohe Spannungen
a) schematische Darstellung der Paarbildung durch ZENER-Effekt (innere Feldemission)
b) schematische Darstellung der Paarbildung durch Stoßionisation

Reicht der Energieentzug durch Stöße aber nicht mehr aus, um eine konstante Geschwindigkeit zu gewährleisten, so entfernt sich das Elektron immer mehr von dieser unteren Grenze und springt dann, wenn sein Energieüberschuß hinreichend groß ist, um ein Elektron aus dem Valenzband abzulösen, auf den entsprechenden tieferen Platz (gestrichelte Kurve in Abb. 36.3*b*). Sowohl das hierbei entstehende Elektron als auch das Defektelektron können dann bei hinreichender Steilheit des Bandabfalls Anlaß zu neuen Paarbildungen geben, und es kommt zu einer Trägermultiplikation (Lawinenbildung). Wie genauere Untersuchungen gezeigt haben, ist der ZENER-Effekt nur bei Durchbruchsspannungen unter etwa 7 V die eigentliche Ursache des plötzlichen reversiblen Stromanstiegs in der Sperrichtung (Kurve *E* in Abb. 36.2). Man spricht aber schlechthin immer von ZENER-Dioden, auch wenn die Trägermultiplikation für den Durchbruch verantwortlich ist. Die Durchbruchsspannung U_z hängt außer vom Material noch von der Dotierung und der Temperatur ab.

Aufgabe:

Man berechne die Durchbruchsspannung für den Fall, daß die Trägermultiplikation Ursache des Durchbruchs ist. (*Hinweis:* Der Durchbruch erfolgt, sobald die maximale elektrische Feldstärke in der Sperrschicht (vgl. Abschnitt 35.1.) einen kritischen Wert E_{krit} überschreitet, der beispielsweise für Germanium bei Zimmertemperatur $2 \cdot 10^7$ V/m beträgt.)

Lösung:

$$U_z = E_{krit}^2 \frac{\varepsilon\varepsilon_0}{2\,e} \left(\frac{1}{n_A} + \frac{1}{n_D}\right) - U_D.$$

Der Temperaturkoeffizient ist aber sehr gering und geht in Abhängigkeit von der Durchbruchsspannung sogar durch Null, so daß Zener-Dioden mit Durchbruchsspannungen in der Nähe dieser Nullstelle zur Erzeugung von Normalspannungen verwendet werden können. Wegen des relativ großen differentiellen Widerstandes an dieser Stelle verwendet man jedoch günstiger die Hintereinanderschaltung einer Zener-Diode mit positivem Temperaturkoeffizienten und einer Siliziumdiode, deren negativer Temperaturkoeffizient gerade kompensierend wirkt. Abb. 36.4 zeigt den Temperaturkoeffizienten der Durchbruchsspannung U_z in Abhängigkeit von dieser Spannung für Siliziumdioden und Tab. 36.2 die charakteristischen Daten einiger technischer Zener-Dioden.

Von den vielseitigen Anwendungsmöglichkeiten der Zener-Dioden wollen wir im folgenden nur die wichtigsten anführen. In Abb. 36.5 ist eine einfache Schaltung zur Spannungsstabilisation dargestellt, die in jeder Hinsicht den Glimmstabilisatoren (vgl. Teil II, Abschnitt 12.3.) entspricht. Der Unterschied besteht lediglich darin, daß mit Zener-Dioden auch Spannungen stabilisiert werden können, die wesentlich kleiner als 70 V sind. Mit den in Abb. 36.5 eingeführten Größen ergibt sich sofort

$$U = R(I_z + I_a) + U_a \tag{36.1}$$

und damit

$$\frac{\mathrm{d}U}{\mathrm{d}U_a} = R\,\frac{\mathrm{d}I_z}{\mathrm{d}U_a} + R\,\frac{\mathrm{d}I_a}{\mathrm{d}U_a} + 1\,. \tag{36.2}$$

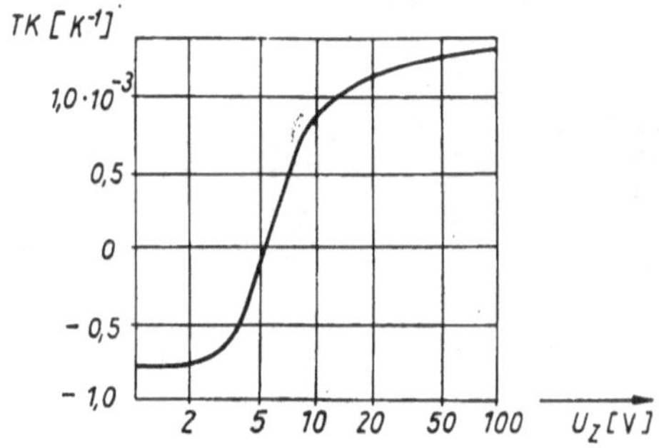

Abb. 36.4. Temperaturkoeffizient TK der Durchbruchsspannung bei Siliziumdioden in Abhängigkeit von der Durchbruchsspannung U_z
Die Kurve stellt einen Mittelwert dar, bei den einzelnen Exemplaren können starke Abweichungen auftreten

Tabelle 36.2

Charakteristische Daten einiger technischer ZENER-Dioden (Silizium)

Typ	SZX 21/5,1	SZX 21/10	SZ 600/5,1···22
Durchbruchsspannung U_z [V]	4,8···5,4	9,4···10,6	5,1···22
Differentieller Widerstand im Durchbruchsbereich I_z [Ω]	≦60	≦15	1···6
Sperrstrom für 1 V [μA]	≦1	≦0,1	≦0,1
Maximale Verlustleistung [mW]	250	250	8000 (mit Kühlfläche)
Maximale Sperrschichttemperatur [°C]	125	125	150

Da U_a gleich der Durchbruchsspannung U_z sein soll, gilt

$$\frac{dI_z}{dU_a} = \frac{1}{R_z}, \tag{36.3}$$

und wegen

$$\frac{dI_a}{dU_a} = \frac{1}{R_a} \tag{36.4}$$

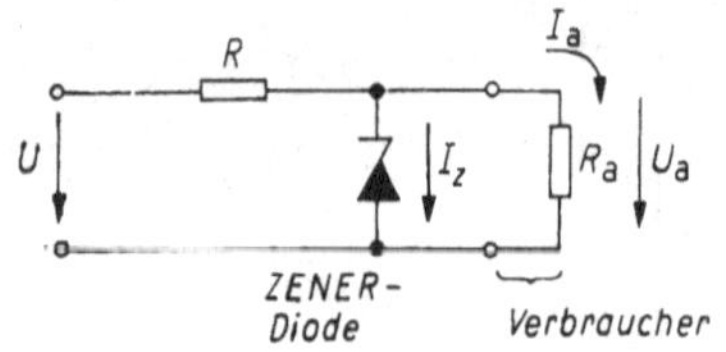

Abb. 36.5. Einfache Spannungsstabilisierung mit einer ZENER-Diode

folgt

$$\Delta U_a \approx \frac{R_z}{R} \Delta U, \tag{36.5}$$

sofern der differentielle Widerstand R_z im Durchbruchsbereich hinreichend klein gegen den Vorwiderstand R und den Verbraucherwiderstand R_a ist.

Abb. 36.6 zeigt zwei Beispiele für die Anwendung von ZENER-Dioden als Begrenzer. Die Widerstände R_1 und R_2 werden so gewählt, daß für Spannungen U, die in den Meßbereich des Voltmeters fallen, die ZENER-Diode nicht „zündet", also

$$U < U_z \tag{36.6}$$

gilt. Bei höheren Spannungen, die zur Zerstörung des Instruments führen könnten, setzt der Durchbruch ein, und die Spannung wird auf U_z festgehalten, so daß das Voltmeter unbeschädigt bleibt.

Eine weitere wichtige Anwendung finden ZENER-Dioden bei der Kompensation von Gleichspannungen. Schaltet man z. B. in Reihe mit einem Gleichspannungsvoltmeter eine ZENER-Diode, so ist die Anzeige des Instruments proportional $U - U_z$, da für $U < U_z$ die

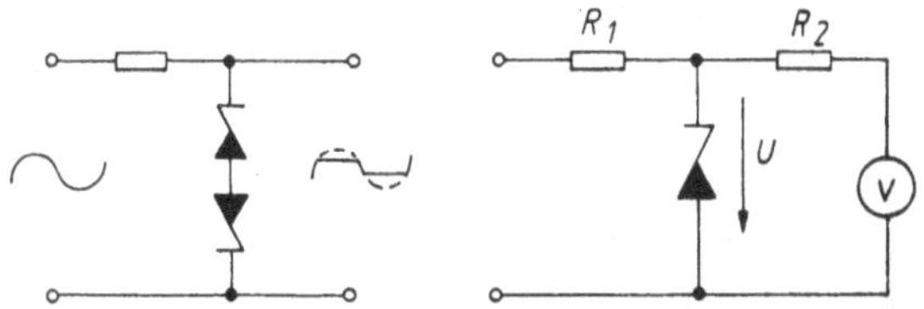

Abb. 36.6. Anwendung von ZENER-Dioden als Begrenzer

Diode praktisch als Unterbrechung der Zuleitung wirkt und für $U > U_z$ ihr Innenwiderstand vernachlässigt werden kann. In dem Sinne kann man auch mitunter eine Parallelschaltung von ohmschem Widerstand R und Kapazität C vorteilhaft durch eine ZENER-Diode ersetzen, wenn z. B. die RC-Parallelschaltung einen bestimmten Gleichspannungsabfall ($= U_z$) erzeugen und die überlagerte Wechselspannung möglichst ungeschwächt übertragen soll. Nachteilig wirkt sich hierbei allerdings die Tatsache aus, daß die Amplitude der überlagerten Wechselspannung klein gegen U_z sein muß; denn nur dann wird der Wechselstromwiderstand gleich dem (sehr kleinen) differentiellen Widerstand R_z. Andererseits ist aber selbst für die niedrigsten Frequenzen der Wechselstromwiderstand noch frequenzunabhängig.

Grundsätzliche Abweichungen von der in Abb. 36.2, S. 126, dargestellten Form der Strom-Spannungs-Charakteristik gewöhnlicher Halbleiterdioden treten bei den sog. ESAKI- oder *Tunneldioden* auf. Diese Dioden stellen pn-Übergänge mit einer so hohen Dotierung ($10^{24} \ldots 10^{26}$ Fremdatome/m^3) dar, daß die obere Grenze E_V des Valenzbandes im p-leitenden Teil oberhalb der FERMIschen Grenzenergie E_F und die untere Grenze E_L des Leitungsbandes im n-leitenden Teil unterhalb E_F liegt (entartete Halbleiter, vgl. Abb. 36.7).

Die dadurch bedingte große Diffusionsspannung U_D hat zur Folge, daß die horizontale Breite der verbotenen Zone im Gebiet der Sperrschicht sehr klein ist (5 ... 10 nm) und daß damit auf Grund des quantenmechanischen Tunneleffektes Elektronen vom Leitungs- zum Valenzband und umgekehrt übertreten können. Ohne Vorspannung ($\bar{U} = 0$) besitzt der Gesamtstrom den Wert

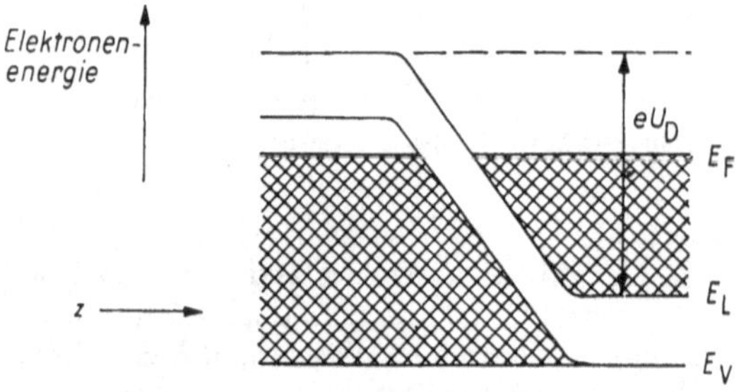

Abb. 36.7. Bändermodell einer Tunneldiode
U_D ist die Diffusionsspannung; die schraffierten Gebiete markieren diejenigen Elektronenzustände, die bei $T = 0$ vollständig mit Elektronen besetzt sind

Null, da die Besetzungswahrscheinlichkeiten von Zuständen gleicher Energie im Valenz- und Leitungsband gleich sind. Legt man an den p-Halbleiter eine negative Spannung an ($\bar{U} = - \mid \bar{U} \mid$, das entspricht der Vorspannung eines gewöhnlichen pn-Übergangs in Sperrichtung), so fließt ein starker Elektronenstrom vom Valenz- zum Leitungsband, da die Elektronenenergie im p-Halbleiter um den Betrag $e \mid \bar{U} \mid$ vergrößert wird (vgl. Abb. 36.8*b*). Bei einer geringen Vorspannung in „Durchlaßrichtung" (der p-Halbleiter wird mit $\bar{U} = + \mid \bar{U} \mid$ gegen den n-Halbleiter vorgespannt) fließt ein starker Elektronenstrom vom Leitungs- zum Valenzband (vgl. Abb. 36.8*c*). Bei Erhöhung dieser Vorspannung nimmt aber der Strom zunächst wieder ab, da den freien Plätzen im Valenzband immer weniger Elektronen im Leitungsband auf gleichem Niveau gegenüberstehen (vgl. Abb. 36.8*d*). Wenn die untere Grenze des Leitungsbandes im n-Halbleiter schließlich die gleiche Höhe wie die obere Grenze des Valenzbandes im p-Halbleiter erreicht hat (vgl. Abb. 36.8*e*), wird der Tunnelstrom überhaupt Null. Da aber schon vorher der gewöhnliche Diffusionsstrom eingesetzt hat (Elektronen des Leitungsbandes diffundieren vom n-

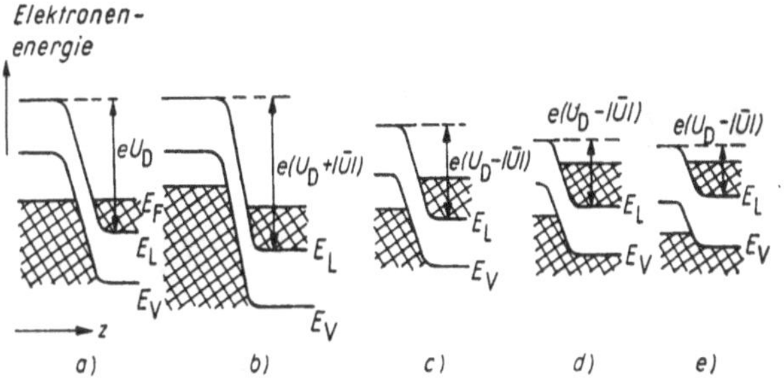

Abb. 36.8. Bändermodell einer Tunneldiode
a) ohne Vorspannung; b) bei Vorspannung in „Sperrichtung"; c), d), e) bei Vorspannung in „Durchlaßrichtung"

zum p-Halbleiter, und Defektelektronen des Valenzbandes diffundieren in umgekehrter Richtung), kommt es nur zur Ausbildung eines Stromminimums, und der Strom wächst bei weiterer Erhöhung der Vorspannung wie bei einem „gewöhnlichen" pn-Übergang in Durchlaßrichtung weiter an. Die resultierende Strom-Spannungs-Charakteristik ist in Abb. 36.9 dargestellt.

Hieran fällt insbesondere der mit *d*) gekennzeichnete Teil der Kurve auf, da er einem negativen differentiellen Widerstand entspricht. Dieser Bereich liegt bei Germanium zwischen 50 und 300 mV und bei GaAs zwischen 0,1 und 1 V. Da der Widerstand an den Grenzen über ∞ geht ($\mathrm{d}\bar{I}/\mathrm{d}\bar{U} \to 0$), handelt es sich um eine negative Kennlinie vom Dynatrontyp (vgl. Teil III, Abschnitt 19.1.). Besonders bemerkenswert erscheint noch, daß der Tunnelstrom (der für die Gebiete b) bis d) in Abb. 36.9 maßgebend ist) im Gegensatz zu den Diffusions- und Driftströmen nur wenig von der Temperatur abhängt; denn die Besetzung der Energiebänder in stark entarteten Halbleitern und die Tunnelwahrscheinlichkeit sind nur schwach temperaturabhängig.

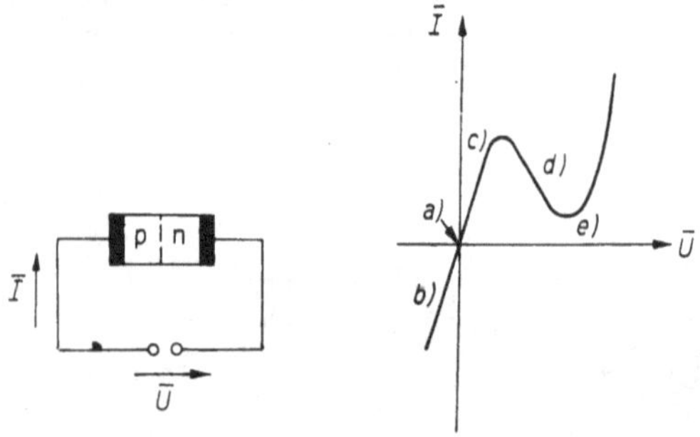

Abb. 36.9. Strom-Spannungs-Charakteristik einer Tunneldiode
Die Buchstaben an der Kurve weisen auf die entsprechenden Bändermodelle in Abb. 36.8 hin

Abb. 36.10a zeigt das Ersatzschaltbild einer Tunneldiode für den Teil d) der Kennlinie. Dabei bezeichnet

$$-|R_N| = \frac{d\bar{U}}{d\bar{I}} \tag{36.7}$$

den negativen differentiellen Widerstand, R_B den Bahnwiderstand, C die Sperrschichtkapazität und L eine Serieninduktivität, die durch die Geometrie der Diode und der Zuleitungen bestimmt wird. Ein zweites Ersatzschaltbild ist in Abb. 36.10b dargestellt, dessen Elemente R_N' und C' leicht durch Vergleich der Real -und Imaginärteile des Gesamtwiderstandes der beiden Schaltungen gefunden werden können. Es ergibt sich

$$R_N' = R_N\,[1 + (\omega C R_N)^2]^{-1}, \tag{36.8}$$

$$C' = C\,[1 + (\omega C R_N)^{-2}]. \tag{36.9}$$

Als Entdämpfungs- oder Grenzfrequenz ω_g bezeichnet man diejenige Frequenz, bis zu der die Tunneldiode einen zugeschalteten Schwingkreis entdämpfen kann. Zur Entdämpfung muß der Realteil der Gesamtimpedanz negativ sein, und es gilt im Grenzfall nach Abb. 36.10*b*

$$0 = R_B - |R_N'|_{\omega=\omega_g}, \tag{36.10}$$

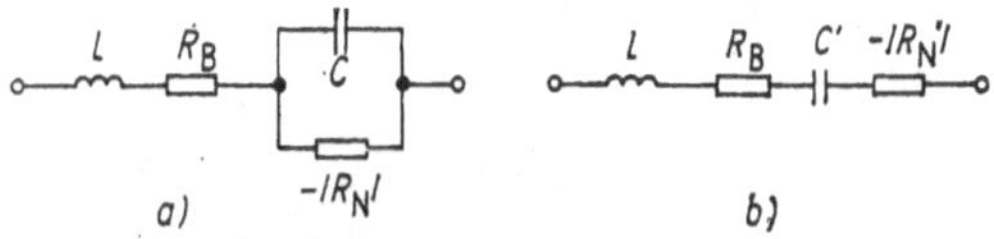

Abb. 36.10. Ersatzschaltbild einer Tunneldiode für den Teil der Kennlinie mit negativer Steigung (*d* in Abb. 36.9)

woraus mit Gl. (36.8)

$$\omega_g = \frac{1}{|R_N|C}\sqrt{\frac{|R_N|}{R_B} - 1} \tag{36.11}$$

folgt. Diese Grenzfrequenz hängt nur wenig von der Querschnittsfläche A der Sperrschicht ab, da $|R_N|^{-1}$, R_B^{-1} und C direkt proportional A sind. Die Dotierung dagegen besitzt einen starken Einfluß auf R_N, und zwar ergibt sich beispielsweise bei einer Änderung der Donatorenkonzentration um den Faktor 2 eine Änderung von R_N um zwei Größenordnungen. Die Eigenresonanzfrequenz ω_r der Tunneldiode wird wie üblich durch Nullsetzen des Imaginärteils der Diodenimpedanz gefunden. Man erhält aus Abb. 36.10*b*

$$0 = \omega_r L - 1/\omega_r C' \tag{36.12}$$

und daraus mit Gl. (36.9)

$$\omega_r = \frac{1}{\sqrt{LC}}\sqrt{1 - \frac{L}{R_N^2 C}}. \tag{36.13}$$

Als Oszillatorfrequenz ω_{0s} schließlich bezeichnet man diejenige Frequenz, bei der die Tunneldiode im Falle eines hochfrequenzmäßigen Kurzschlusses schwingen würde. Dies erfordert, daß sowohl der Realteil als auch der Imaginärteil der Impedanz bei dieser Frequenz verschwinden, d. h. daß

$$\omega_g = \omega_r \tag{36.14}$$

gilt. Unter Verwendung der Gleichungen (36.11) und (36.13) folgt damit die Bedingung

$$L = |R_N| C R_B, \tag{36.15}$$

die nur deshalb erfüllt werden kann, weil die Größen auf der rechten Seite stromabhängig sind.

Mit Gl. (36.15) und Gl. (36.11) oder Gl. (36.13) erhält man schließlich für die Oszillatorfrequenz

$$\omega_{0s} = \frac{1}{\sqrt{LC}} \sqrt{1 - \frac{R_B}{|R_N|}}. \tag{36.16}$$

In Tab. 36.3 sind charakteristische Daten einiger Tunneldioden dargestellt. Unter Beachtung der Tatsache, daß die Induktivität L sehr klein gehalten werden kann (Größenordnung nH) ergeben sich für die charakteristischen Frequenzen Werte im Gigahertzbereich. Außerdem ist das Eigenrauschen von Verstärkern, bei denen Tunneldioden als aktive Elemente benutzt werden (zur Verstärkung durch Entdämpfung vgl. Teil V, Abschnitt 31), sehr gering und mit dem parametrischer Verstärker vergleichbar [C 2]. Als Verstärker hat die Tunneldiode nur bei sehr hohen Frequenzen (GHz-Bereich) und Spezialanwendungen (Verstärker für Satelliten) Bedeutung erlangt. Dem Vorteil kleiner Abmessungen stehen Stabilitätsprobleme und der kleine Aussteuerbereich gegenüber. Bevorzugt verwendet man Tunneldioden als bistabile Elemente, d. h. als Schalter, Speicherelement oder zur Impulserzeugung, da Umschaltzeiten von nur 0,1 ns erreicht werden können.

Tabelle 36.3

Charakteristische Daten einiger Tunneldioden
$\bar{I}_{max}$ = Strom im Maximum, I_{min} = Strom im Minimum der Strom-Spannungs-Kennlinie

Typ	TU 10/1..14/2	AE 101	1 N 650
$\bar{I}_{max}$ [mA]	1···24	1,0	9···11
$\bar{I}_{max}/I_{min}$	7	6,5	20
$-R_N$ [Ω]	10···140	100	20
R_B [Ω]	1,0···3	1	1
C_{min} [pF]	2···30	10	40
Material	Ge	Ge	GaAs

37. Wirkungsweise von Transistoren

Es gibt zwei Arten von Transistoren, die sich durch die Kombination von p- und n-leitendem Material unterscheiden, nämlich die pnp-Transistoren (Abb. 37.1*a*) und die npn-Transistoren (Abb. 37.1*b*). Die Wirkungsweise ist im Prinzip dieselbe, und wir betrachten deshalb im folgenden, sofern nicht anders erwähnt, nur Transistoren vom pnp-Typ. Für die Wirkungsweise als Verstärkerelement sind die folgenden Voraussetzungen zu erfüllen:

1. Der linke pn-Übergang muß in Durchlaßrichtung und der rechte in Sperrichtung vorgespannt sein (vgl. Abb. 37.2). Dann nennt man die linke Elektrode Emitter, die mittlere Basis und die rechte Kollektor.

2. Die Breite l des n-leitenden Gebietes muß klein gegen die Diffusionslänge $\sqrt{D_p \tau_p}$ der Defektelektronen sein. Mit einem Diffusionskoeffizienten D_p von etwa $4 \cdot 10^{-3}$

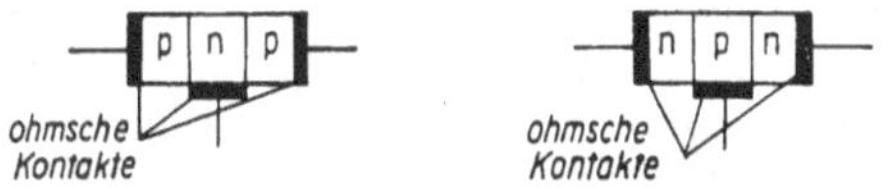

Abb. 37.1. pnp-Transistor (a) und npn-Transistor (b)

m^2s^{-1} und einer mittleren Lebensdauer τ_p von der Größenordnung $10^{-6} \dots 10^{-4}$ s folgt also $l \ll 6 \cdot 10^{-5} \dots 6 \cdot 10^{-4}$ m.

3. Das linke p-leitende Gebiet muß sehr stark, das n-leitende Gebiet dagegen sehr schwach dotiert sein (Verhältnis der Akzeptorenkonzentration im linken p-leitenden Gebiet zur Donatorenkonzentration im n-leitenden Gebiet etwa $10^3 \dots 10^5$), so daß der Strom praktisch nur von den Defektelektronen bestimmt wird.

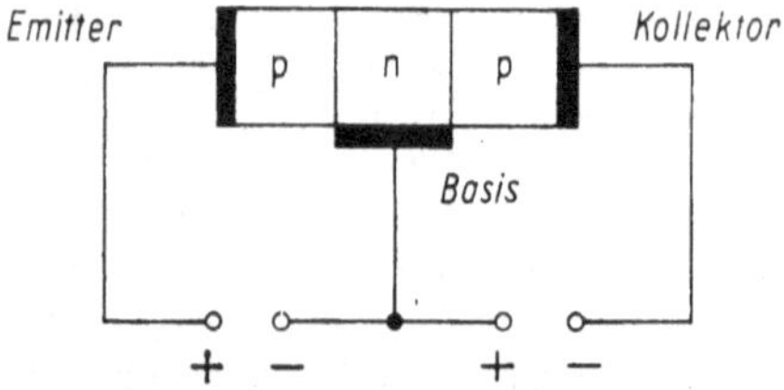

Abb. 37.2. Richtige Vorspannung und Bezeichnung der Elektroden eines pnp-Transistors

In Abb. 37.3*a* sind das Schaltsymbol eines pnp-Transistors und die Bezeichnung der entsprechenden Ströme und Spannungen dargestellt. Die Wahl der positiven Richtungen für diese Größen entspricht dem üblichen Gebrauch. Abb. 37.3*b* zeigt zum Vergleich das Schaltsymbol eines npn-Transistors. Da in Abb. 37.3*a* die Spannungen auf die Basis bezogen sind (die Basiselektrode gehört sowohl zum Eingangs- als auch zum Ausgangskreis), spricht man von der sogenannten Basisschaltung des Transistors. Der Emitterstrom I_E besteht aus zwei Anteilen, nämlich dem Injektionsstrom I_{Ep} und dem sog. Emitterrückstrom I_{En}. Während I_{Ep} den Stromanteil darstellt, der von den Defektelektronen gebildet wird, kennzeichnet I_{En} den Elektronenstrom von der Basis zum Emitter, der wegen des negativen Vorzeichens der Elektronenladung die gleiche (technische) Stromrichtung wie I_{Ep} besitzt. Das Verhältnis von I_{Ep} zum Gesamtstrom nennt man Emitterergiebigkeit und bezeichnet es (sofern man Gleichströme betrachtet) mit γ_0, also

$$\gamma_0 = \frac{\bar{I}_{Ep}}{\bar{I}_E}. \tag{37.1}$$

Diese Größe ist wegen der dritten oben genannten Voraussetzung ungefähr gleich 1. Der Wert des Kollektorstroms für $I_E = 0$ wird Kollektorsperrstrom genannt und mit

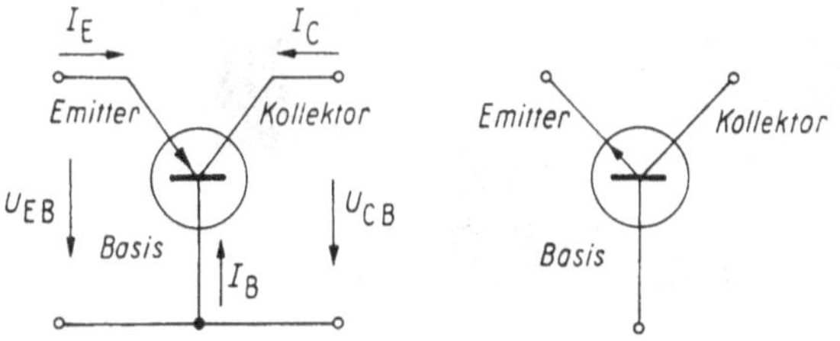

Abb. 37.3. Schaltsymbol und Wahl der positiven Richtungen für die Ströme und Spannungen
a) pnp-Transistor; b) npn-Transistor

I_{CB0} bezeichnet. Schließlich definieren wir noch die Kurzschlußstromverstärkung für (langsame) Gleichstromänderungen durch die Gleichung

$$\alpha_0 = -\frac{d\bar{I}_C}{d\bar{I}_E}, \tag{37.2}$$

deren Zahlenwert bei üblichen Transistoren zwischen 0,95 und 0,98 liegt. Abb. 37.4 zeigt schematisch die Stromverteilung in einem Transistor bei Gleichstrombetrieb, wobei die Elektronenströme durch schwarze und die Defektelektronenströme durch schraffierte Flächen dargestellt sind. Die gestrichelten Pfeile geben die *Bewegungsrichtung* der Elektronen an und die ausgezogenen Pfeile die Bewegung der Defektelektronen, die mit der Stromrichtung übereinstimmt.

Wegen der in Abb. 37.3a dargestellten Wahl der Vorzeichen gilt für den Betriebszustand der Abb. 37.4, der dem Transistornormalbetrieb entspricht,

$$\left.\begin{aligned} \bar{I}_{\mathrm{E}} &> 0, \\ \bar{I}_{\mathrm{C}} &< 0, \\ \bar{I}_{\mathrm{B}} &< 0. \end{aligned}\right\} \tag{37.3}$$

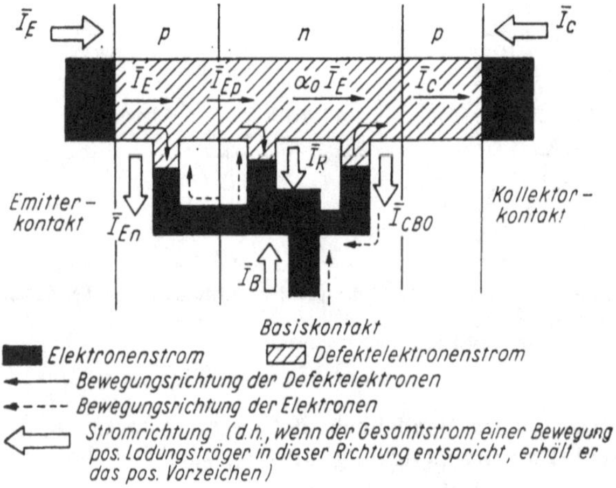

Abb. 37.4. Schematische Darstellung der Stromverteilung in einem Transistor bei Gleichstrombetrieb
$\bar{I}_{\mathrm{R}}$ ist der Rekombinationsstrom

Für $\bar{I}_{\mathrm{E}} = 0$ ergibt sich aus Abb. 37.4 $\bar{I}_{\mathrm{En}} = 0$ und $\bar{I}_{\mathrm{R}} = 0$, d. h., es muß

$$\bar{I}_{\mathrm{B}} = -I_{\mathrm{CB0}} > 0 \tag{37.4}$$

gelten. Damit erwarten wir, daß für einen gewissen kleinen Emitterstrom (I_{E}') der Basisstrom verschwindet. Aus Abb. 37.4 folgt also

$$\bar{I}_{\mathrm{E}}' = \alpha_0 \bar{I}_{\mathrm{E}}' + \bar{I}_{\mathrm{En}} + \bar{I}_{\mathrm{R}} = \alpha_0 \bar{I}_{\mathrm{E}}' - I_{\mathrm{CE0}} \tag{37.5}$$

oder

$$\bar{I}_{\mathrm{E}}' = \frac{-I_{\mathrm{CB0}}}{1 - \alpha_0}. \tag{37.6}$$

Da dieser Strom (wegen $\bar{I}_{\mathrm{B}} = 0$) in voller Intensität zum Kollektor gelangt, ergibt sich für den Kollektorstrom in diesem Betriebszustand der Wert $-\bar{I}_{\mathrm{E}}'$. Man nennt diesen Strom den Kollektorrestrom und bezeichnet ihn mit dem Symbol I_{CE0}, also

$$I_{\mathrm{CE0}} = \frac{I_{\mathrm{CB0}}}{1 - \alpha_0} < 0. \tag{37.7}$$

Zur Übersicht vergleiche man Tab. 37.1.

Auf Grund der in Abb. 37.4 gezeigten Verhältnisse ergeben sich qualitativ die folgenden Kennlinien für einen Transistor in Basisschaltung: Die Strom-Spannungs-Kennlinie des Eingangs ($\bar{I}_{\mathrm{E}} = f(\bar{U}_{\mathrm{EB}})$) stimmt im wesentlichen [vgl. Gl. (38.32)] mit der Kennlinie eines pn-Übergangs in Durchlaßrichtung überein und besitzt demzufolge die in Abb. 37.5 dargestellte Form. Aus Gl. (35.67) ergibt sich also für den differentiellen Gleichstromwiderstand

$$R_{\mathrm{E}} = \frac{\mathrm{d}\bar{U}_{\mathrm{EB}}}{\mathrm{d}\bar{I}_{\mathrm{E}}} = \frac{kT}{e\bar{I}_{\mathrm{E}}}, \tag{37.8}$$

wobei k die Boltzmann-Konstante, T die absolute Temperatur und e den Betrag der Ladung eines Elek-

Tabelle 37.1

Zur Bedeutung des Kollektorsperrstromes I_{CB0} und des Kollektorreststromes I_{CB0}

Schaltung	Kollektorstrom
Unbelasteter Emitter ($\bar{I}_{\mathrm{E}} = 0$)	Kollektorsperrstrom (I_{CB0}) < 0)
Unbelastete Basis ($\bar{I}_{\mathrm{B}} = 0$)	Kollektorreststrom $\left(I_{\mathrm{CE0}} = \dfrac{I_{\mathrm{CB0}}}{1 - \alpha_0} < 0\right)$

trons bezeichnet. Setzt man die Zahlenwerte ein, so folgt für Zimmertemperatur $kT/e \approx 25$ mV. Abweichungen von Gl. (35.67) können infolge des Bahnwiderstandes der Basis auftreten und führen zu einer Linearisierung der Kennlinie.

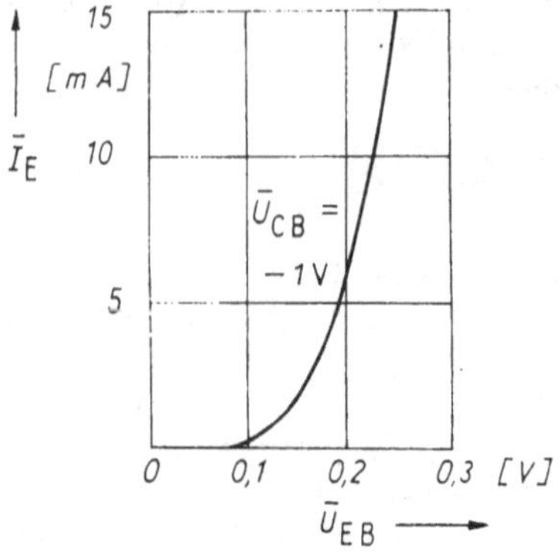

Abb. 37.5. Strom-Spannungs-Charakteristik des Transistoreingangs in der Basisschaltung

Die Strom-Spannungs-Kennlinie des Ausgangs ($\bar{I}_C = f(\bar{U}_{CB})$) ist in Abb. 37.6 dargestellt. Der Kollektorstrom $\bar{I}_C$ hängt, da die Basis-Kollektor-Diode in Sperrrichtung vorgespannt ist, nicht von $\bar{U}_{CB}$ ab. Erst für eine Vorspannung in Durchlaßrichtung ($\bar{U}_{CB} > 0$) treten starke Änderungen von $\bar{I}_C$ auf. Der geringfügige Anstieg von $-\bar{I}_C$ mit wachsendem $|\bar{U}_{CB}|$ im normalen Betriebszustand ($\bar{U}_{CB} < 0$) rührt von einer Änderung der Sperrschichtdicke her, indem mit wachsendem $|\bar{U}_{CB}|$ die Basiszone dünner wird, so daß $-\bar{I}_C$ anwächst (Basisbreitenmodulation, s. unten). Der differentielle Widerstand

$$R_C = \frac{d\bar{U}_{CB}}{d\bar{I}_C} \tag{37.9}$$

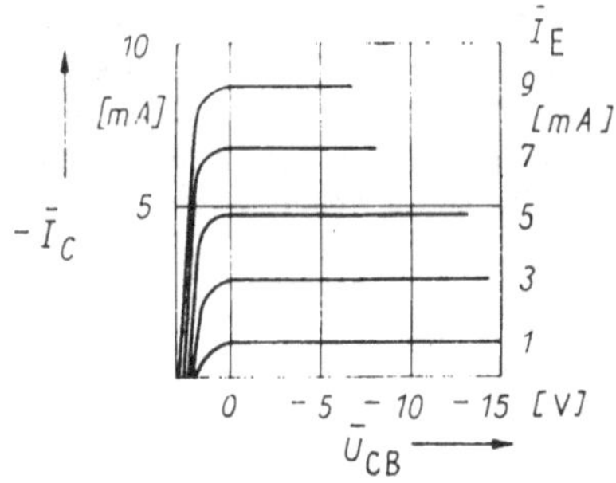

Abb. 37.6. Strom-Spannungs-Charakteristik des Transistroausgangs in der Basisschaltung

ist wie bei Pentoden von der Größenordnung Megohm. Den Zusammenhang zwischen dem Emitterstrom $\bar{I}_E$ und dem Kollektorstrom $\bar{I}_C$ schließlich zeigt Abb. 37.7. Gemäß der Definitionsgleichung (37.2) stimmt die Steigung mit der Größe α_0 überein, und die Nullordinate gibt gemäß Tab. 37. 1, S. 141, unmittelbar den Kollektorstrom I_{CB0}. Bei großen Strömen treten Sättigungserscheinungen auf, die zu einer Verkleinerung von α_0 führen.

Auf Grund der bisherigen qualitativen Überlegungen läßt sich das in Abb. 37.8 dargestellte (vereinfachte)

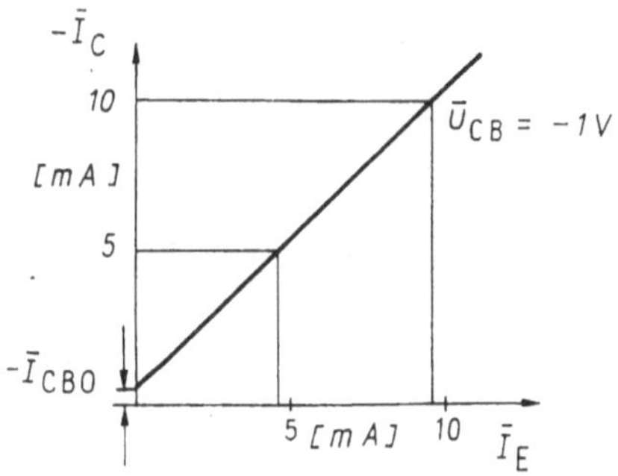

Abb. 37.7. Zusammenhang zwischen dem Emitterstrom $\bar{I}_E$ und dem Kollektorstrom $\bar{I}_C$

Ersatzschaltbild eines Transistors in der Basisschaltung angeben. $\delta \bar{I}$ bzw. $\delta \bar{U}$ bezeichnet dabei langsame und kleine Änderungen des Gleichstromes $\bar{I}$ bzw. der Gleichspannung $\bar{U}$, so daß Laufzeiteffekte, Kapazitäten usw. (vgl. Abschnitt 38) sowie die Nichtlinearitäten der Kenn-

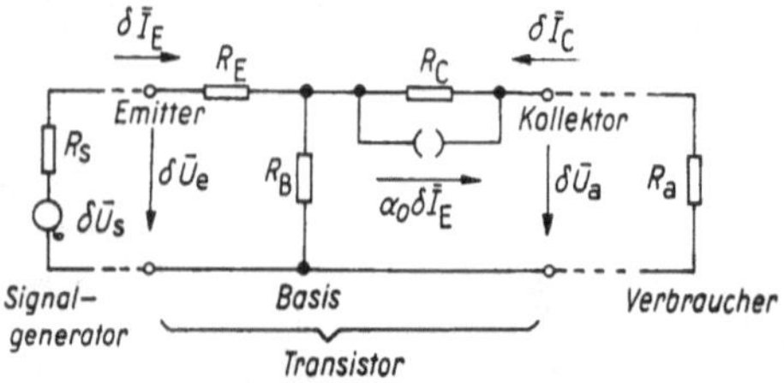

Abb. 37.8. Vereinfachtes Ersatzschaltbild eines Transistors in Basisschaltung
Das Schaltsymbol —( )— stellt eine Stromquelle mit dem Strom $\alpha_0 \delta \bar{I}_E$ und einem unendlich hohen Innenwiderstand dar

linien unberücksichtigt bleiben können.[1]) R_E ist der differentielle Widerstand der Emitter-Basis-Diode [Gl. (37.8), Größenordnung 10 Ω], R_C der entsprechende Widerstand für die Basis-Kollektor-Diode [Gl. (37.9), Größenordnung Megohm] und R_B der Bahnwiderstand der Basis, der bei Transistoren mit schmaler Basiszone relativ groß sein kann (Größenordnung 100 Ω).

Wird an den Eingang ein Signalgenerator mit dem Innenwiderstand R_s und der Urspannung $\delta \bar{U}_s$ und an den Ausgang ein Verbraucher mit dem Widerstand R_a geschaltet (vgl. Abb. 37.8), so gilt

$$R_a\, \delta \bar{I}_C + R_C(\delta \bar{I}_C + \alpha_0 \delta \bar{I}_E) + R_B(\delta \bar{I}_E + \delta \bar{I}_C) = 0\,. \quad (37.10)$$

Durch Auflösung nach $\delta \bar{I}_C$ erhalten wir für die *Stromverstärkung*

$$\frac{\delta \bar{I}_C}{\delta \bar{I}_E} = -\frac{\alpha_0 R_C + R_B}{R_a + R_C + R_B} \approx -\frac{\alpha_0 R_C}{R_a + R_C}, \quad (37.11)$$

[1]) Unter $\delta \bar{I}$ kann man sich auch die Amplitude eines kleinen Wechselstromes sehr niedriger Frequenz vorstellen und unter $\delta \bar{U}$ die Amplitude einer kleinen Wechselspannung sehr niedriger Frequenz.

da $\alpha_0 \approx 1$ und $R_C \gg R_B$ gilt. Für Kurzschluß, d. h. $R_a = 0$, besitzt also der Betrag der Stromverstärkung den größten Wert, nämlich α_0, der nahe bei, aber immer unter Eins liegt.

Zur Berechnung der *Spannungsverstärkung* leiten wir zunächst aus Abb. 37.8 die beiden Beziehungen

$$\delta \overline{U}_a = -R_a \delta \overline{I}_C \tag{37.12}$$

und

$$\delta \overline{U}_e = R_E \delta \overline{I}_E + R_B(\delta \overline{I}_E + \delta \overline{I}_C) \tag{37.13}$$

ab und erhalten

$$\frac{\delta \overline{U}_a}{\delta \overline{U}_e} = -\frac{R_a \delta \overline{I}_C}{R_E \delta \overline{I}_E + R_B \left(1 - \frac{\alpha_0 R_C}{R_a + R_C}\right) \delta \overline{I}_E}$$

$$= \frac{\alpha_0 R_a R_C}{(R_a + R_C)(R_E + R_B) - \alpha_0 R_B R_C}. \tag{37.14}$$

Die Spannungsverstärkung wächst also mit R_a an und besitzt den größten Wert

$$\alpha_0 \frac{R_C}{R_E + R_B} \tag{37.15}$$

für Leerlauf, d. h. $R_a \to \infty$.

Die Leistungsverstärkung g berechnen wir der Einfachheit halber nur für den Fall, daß der Bahnwiderstand (R_B) vernachlässigt werden kann. Entsprechend der allgemeinen Definition

$$g = \frac{\text{Leistung am Verbraucher}}{\text{verfügbare Leistung der Signalquelle}}, \tag{37.16}$$

wobei unter verfügbarer Leistung bekanntlich die maximal abgebbare Leistung zu verstehen ist, folgt

$$g = \frac{\frac{1}{R_a}(\delta \overline{U}_a)^2}{\frac{1}{4R_s}(\delta \overline{U}_s)^2}$$

$$= \frac{4R_s}{R_a}\left(\frac{\delta\bar{U}_a}{\delta\bar{U}_e}\right)^2\left(\frac{R_E}{R_s+R_E}\right)^2$$

$$= \frac{4R_s}{R_a}\left(\frac{R_E}{R_s+R_E}\right)^2\left(\frac{\alpha_0 R_a R_C}{(R_a+R_C)\,R_E}\right). \qquad (37.17)$$

Die Leistungsverstärkung wird also maximal bezüglich R_s für $R_s = R_E$, d. h. bei Anpassung des Eingangs, und bezüglich R_a für $R_a = R_C$, also Anpassung des Ausgangs. Damit ergibt sich

$$g_{\substack{\max\\\max}} = \alpha_0^2\,\frac{R_C}{4R_E}. \qquad (37.18)$$

Setzt man Zahlenwerte ein, so findet man für die maximal erreichbare Leistungsverstärkung $10^3 \ldots 10^4$.

Da der Emitter- und Kollektorstrom nahezu gleich sind (vgl. Abb. 37.7, S. 143), liegt es nahe, nicht am Emitter, sondern an der Basis zu steuern, weil dort nur die kleine Differenz zwischen Kollektor- und Emitterstrom auftritt ($I_E + I_C + I_B = 0$), d. h. ein wesentlich höherer Eingangswiderstand vorliegt. Auf diese Weise kommt man zur Emitterschaltung, bei der die Emitterelektrode

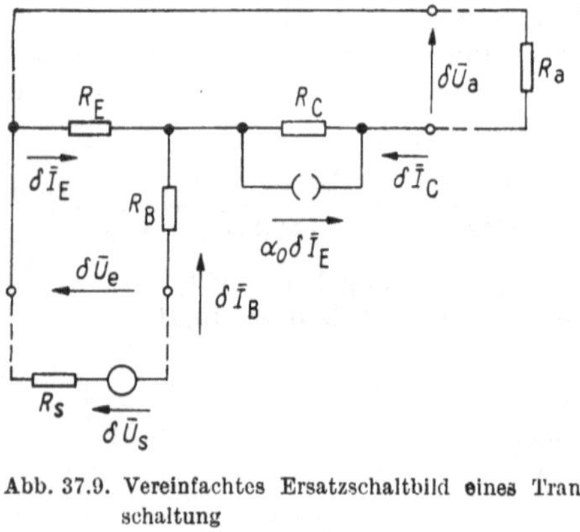

Abb. 37.9. Vereinfachtes Ersatzschaltbild eines Transistors in der Emitterschaltung

dem Eingangs- und Ausgangskreis gemeinsam ist. Das entsprechend umgezeichnete Ersatzschaltbild der Abb. 37.8 zeigt die Abb. 37.9. Die Berechnung der verschiedenen Verstärkungen erfolgt analog wie bei der Basisschaltung, und wir wollen als Beispiel die Kurzschlußstromverstärkung der Emitterschaltung

$$\beta_0 = \left(\frac{\delta \bar{I}_C}{\delta \bar{I}_B}\right)_{R_a=0} \tag{37.19}$$

ableiten. Aus Abb. 37.9 erhält man

$$R_E(-\delta \bar{I}_E) + R_C(\delta \bar{I}_C + \alpha_0 \delta \bar{I}_E) = 0 \tag{37.20}$$

oder

$$\delta \bar{I}_C = -\delta \bar{I}_E \left(\alpha_0 - \frac{R_E}{R_C}\right) \approx -\delta \bar{I}_E \alpha_0. \tag{37.21}$$

Dies ergibt, in

$$\delta \bar{I}_B = -\delta \bar{I}_C - \delta \bar{I}_E \tag{37.22}$$

eingesetzt, sofort

$$\beta_0 = \frac{\delta \bar{I}_C}{\delta \bar{I}_B} = \frac{\alpha_0}{1-\alpha_0}. \tag{37.23}$$

Die Kurzschlußstromverstärkung der Emitterschaltung ist also im Gegensatz zur Basisschaltung positiv und wesentlich größer als Eins (mit $\alpha_0 = 0{,}98$ folgt z. B. $\beta_0 = 49$). Ebenso wird die Leistungsverstärkung größer als in der Basisschaltung. Auf Einzelheiten sowie auf die dritte mögliche Schaltungsart, die Kollektorschaltung, bei der der Eingangswiderstand größer als der Ausgangswiderstand ist, wollen wir aber hier nicht eingehen, sondern verweisen auf die Abschnitte 38 und 44.

Zum Abschluß seien noch einige qualitative Angaben über das Verhalten von Transistoren bei schnellen und großen Gleichstromänderungen angefügt. Wenn ein Transistor durch Veränderung des Emitterstroms I_E oder der Emitterspannung U_{EB} so weit ausgesteuert wird, daß die Kollektorspannung U_{CB} nicht nur Null, sondern sogar positiv wird, so wirkt der Kollektor ebenfalls als „Emitter“ und injiziert Defektelektronen in die Basis. Dadurch steigt der gesamte Kollektorstrom nicht weiter

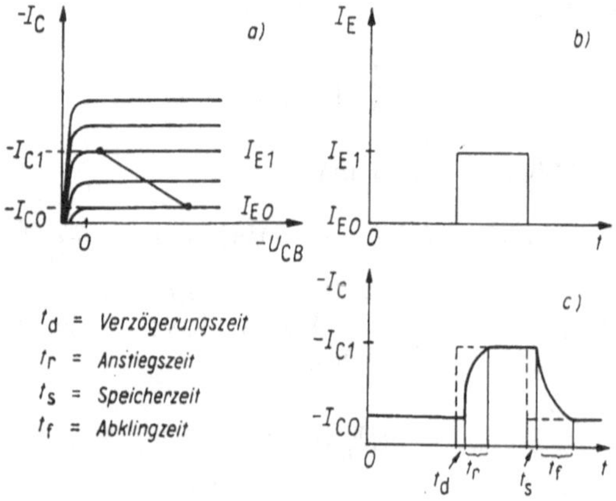

Abb. 37.10. Impulsverhalten eines Transistors ohne Übersteuerung
a) Aussteuerung im $-I_C - U_{CB}$-Kennlinienfeld;
b) Eingangsimpuls
c) Impuls am Ausgang

an, sondern bleibt konstant (= Sättigungsstrom, vgl. Abb. 37.11*a*). Auf Grund der Beziehung

$$I_C + I_B + I_E = 0 \qquad (37.24)$$

muß also dann (I_E wächst, I_C bleibt konstant) der Basisstrom stark anwachsen. Dies entspricht dem Gitterstromeinsatz bei der Übersteuerung von Elektronenröhren.

Abb. 37.10 zeigt das Impulsverhalten eines Transistors ohne Übersteuerung, d. h. die Erscheinungen, die bei *schnellen*, aber noch kleinen Gleichstromänderungen auftreten. Die Definition der charakteristischen Zeitkonstanten t_d = Verzögerungszeit („delay-time“), t_r = Anstiegszeit („rise-time"), t_s = Speicherzeit („storage-time") und t_f = Abklingzeit („fall-time") ist aus Abb. 37.10c ersichtlich. Näherungsweise gilt

$$t_r \approx t_f \approx \frac{l^2}{2D_p}, \tag{37.25}$$

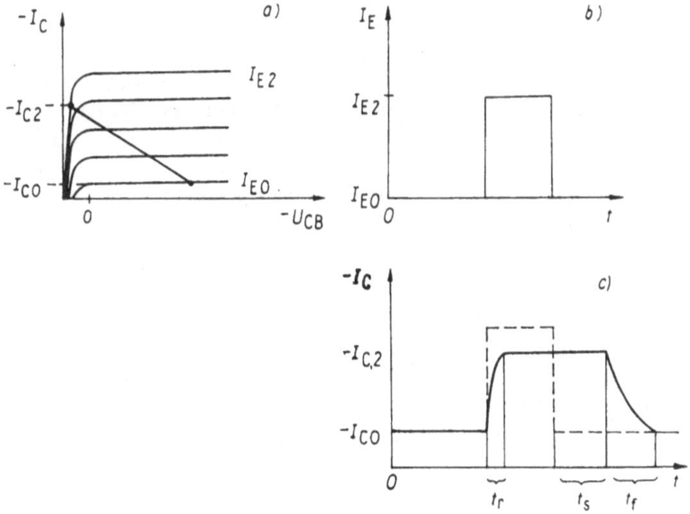

Abb. 37.11. Impulsverhalten eines Transistors bei Übersteuerung
a) Aussteuerung im $-I_C - U_{CB}$-Kennlinienfeld;
b) Eingangsimpuls; c) Impuls am Ausgang

wobei l die Basisbreite und D_p den Diffusionskoeffizienten der Defektelektronen in der Basis bezeichnet. Diese Beziehung folgt aus der Tatsache, daß t_r und t_f umgekehrt proportional zu der im nächsten Abschnitt eingeführten Grenzfrequenz des Transistors sind. t_d und t_s können dagegen vernachlässigt werden.

Das Impulsverhalten im Falle einer Übersteuerung,

d. h. die Erscheinungen, die bei *schnellen* und *großen* Gleichstromänderungen auftreten, zeigt Abb. 37.11.

Die Verzögerungszeit t_d ist hierbei vernachlässigbar klein, die Anstiegszeit t_r gegenüber dem Fall ohne Übersteuerung verkürzt, die Abklingzeit t_f nicht wesentlich geändert und t_s um ein Vielfaches vergrößert. Diese Vergrößerung von t_s, die u. a. von der verwendeten Schaltung abhängt, stellt eine typische Erscheinung bei der Übersteuerung von Transistoren dar. Die Theorie (vgl. z. B. [G 1], [B 2]) ist sehr kompliziert, weshalb wir es hier mit diesen qualitativen Betrachtungen bewenden lassen wollen. Im folgenden Abschnitt wird aber die Kleinsignaltheorie des Transistors ausführlich behandelt, womit auch (nach Anwendung einer LAPLACE-Transformation) das Impulsverhalten bei kleinen Aussteuerungen mathematisch erfaßbar ist.

38. Transistortheorie

Die Darstellung erfolgt in vier Schritten, und zwar werden behandelt

a) das Gleichstromverhalten von Transistoren und das Verhalten bei kleinen und langsamen Gleichstromänderungen,
b) die Kleinsignaltheorie (das Verhalten gegenüber Wechselstromsignalen kleiner Amplitude, aber beliebiger Frequenz),
c) die Basisbreitenmodulation und
d) das Verhalten von Transistoren bei höheren Belastungen (nur qualitativ).

Bei den Rechnungen setzen wir voraus, daß es sich um einen pnp-Transistor handelt, daß die Dichte der in das n-Gebiet diffundierenden Defektelektronen klein bleibt gegen die Dichte der dort vorhandenen Elektronen (geringe Injektion), daß die Ströme und Raumladungsdichten nur von einer Ortskoordinate abhängen (ebenes Problem) und daß die Signalspannung klein ist (Kleinsignaltheorie).

Die Erweiterung auf den npn-Transistor läßt sich ohne weiteres durchführen, indem man die Polarität der Vorspannungen entsprechend ändert und die Indizes p und n vertauscht. Die Behandlung des nichtebenen Falles bietet prinzipiell auch keine neuen Probleme, man muß nur unter Umständen numerische Verfahren zur Lösung der dreidimensionalen Gleichungen anwenden. Dagegen erfordert die Behandlung bei großen Injektionen einen erheblichen mathematischen Aufwand, da sowohl die Gleichungen für die Minoritätsträger als auch für die Majoritätsträger unter Berücksichtigung der durch die Injektion entstehenden elektrischen Feldstärke zu lösen sind. Auf die damit zusammenhängenden Probleme können wir hier aber nicht näher eingehen und verweisen auf die qualitativen Betrachtungen am Ende dieses und des letzten Abschnitts sowie auf die einschlägige Literatur.

Die im folgenden verwendeten Bezeichnungen und die Wahl der positiven Strom- und Spannungsrichtungen sind aus Abb. 38.1 zu entnehmen. Bei $z = 0$ ist das Ende der Sperrschicht des pn-Übergangs (Emitter-Basis-

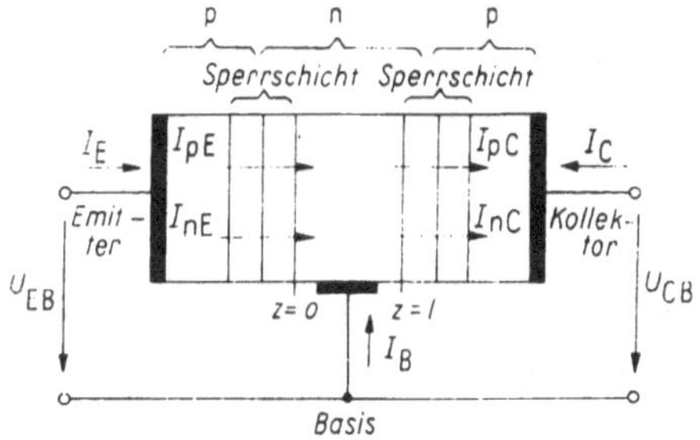

Abb. 38.1. Bezeichnungen und Wahl der positiven Strom- und Spannungsrichtungen bei dem betrachteten pnp-Transistor
Der Index p (bzw. n) weist auf den Stromanteil hin, der von den Defektelektronen (bzw. Elektronen) gebildet wird

Diode), und bei $z = l$ beginnt die Sperrschicht des np-Übergangs (Basis-Kollektor-Diode). Analog zu den Betrachtungen im Abschnitt 35.2 [Gl. (35.23)] gilt also

$$p(z = 0) = n_A \exp\left(-\frac{e(U_D - U_{EB})}{kT}\right) \qquad (38.1a)$$

$$p(z = l) = n_A' \exp\left(-\frac{e(U_D' - U_{CB}}{kT}\right), \qquad (38.2a)$$

wobei p die Defektelektronendichte, k die Boltzmann-Konstante, e den Betrag der Ladung eines Elektrons und T die absolute Temperatur darstellt. n_A ist die Akzeptorendichte im Emittermaterial (= Zahl der Akzeptoren pro Volumeneinheit) und U_D die Diffusionsspannung zwischen Emitter und Kollektor [vgl. Gl. (35.3)]. n_A' bezeichnet die Akzeptorendichte im Kollektormaterial und U_D' entsprechend die Diffusionsspannung zwischen Kollektor und Basis. Ersetzen wir U_D nach der Formel in der Aufgabe auf S. 98 und beachten die Beziehung $n_0 p_0 = n_i^2$ [Gl. (32.60)], wobei n_0 und p_0 die Trägerdichten im thermischen Gleichgewicht (äußere Spannungen gleich Null) darstellen, also $n_0 = n_D$, so folgt aus Gl. (38.1a)

$$p(z = 0) = p_0 \exp\left(\frac{eU_{EB}}{kT}\right) \qquad (38.1)$$

und analog aus Gl. (38.2a)

$$p(z = l) = p_0 \exp\left(\frac{eU_{CB}}{kT}\right). \qquad (38.2)$$

I_{nE} (vgl. Abb. 38.1) ist der Strom, den die Elektronen bilden, die von der Basis zum Emitter wandern. Die Verhältnisse müssen dafür also die gleichen sein wie bei einem einfachen pn-Übergang. Nehmen wir an, daß U_{EB} aus einer Gleichspannung $\overline{U}_{EB}$ und einer überlagerten kleinen Wechselspannung der Amplitude $\check{U}_{EB}$ besteht, also

$$\begin{aligned} U_{EB} &= \overline{U}_{EB} + \check{U}_{EB} \cos \omega t \\ &= \mathrm{Re}\,\{\overline{U}_{EB} + \check{U}_{EB} \exp(j\omega t)\} \qquad (38.3) \end{aligned}$$

mit

$$\check{U}_{EB} \ll \frac{kT}{e}, \tag{38.4}$$

so folgt gemäß Abschnitt 35.2 [vgl. Gl. (35.56)ff.]

$$I_{nE} = \text{Re}\,\{\bar{I}_{nE} + \underline{I}_{nE} \exp(j\omega t)\} \tag{38.5}$$

mit

$$\bar{I}_{nE} = I_{nE0} \exp\left(\frac{e\bar{U}_{EB}}{kT} - 1\right), \tag{38.6}$$

$$I_{nE0} = eA \sqrt{\frac{D_n}{\tau_n}}\, n_D \exp\left(-\frac{eU_D}{kT}\right) \tag{38.7}$$

und

$$\underline{I}_{nE} = \frac{e\check{U}_{EB}}{kT} I_{nE0} \sqrt{1 + j\omega\tau_n} \exp\left(\frac{e\bar{U}_{EB}}{kT}\right). \tag{38.8}$$

A ist dabei die Querschnittsfläche des Transistors (Fläche senkrecht zur z-Achse), n_D die Donatorendichte im Basismaterial, D_n der Diffusionskoeffizient der Elektronen und τ_n die mittlere Lebensdauer der Elektronen im Emittermaterial.

Eine entsprechende Überlegung gilt für den Basis-Kollektor-Übergang bezüglich der Größe I_{nC}, die den Stromanteil infolge der Elektronenwanderung von der Basis zum Kollektor darstellt. Nehmen wir ebenfalls an

$$\begin{aligned} U_{CB} &= \bar{U}_{CB} + \check{U}_{CB} \cos \omega t \\ &= \text{Re}\,\{\bar{U}_{CB} + \check{U}_{CB} \exp(j\omega t)\} \end{aligned} \tag{38.9}$$

mit

$$\check{U}_{CB} \ll \frac{kT}{e}, \tag{38.10}$$

so folgt analog

$$I_{nC} = \text{Re}\,\{\bar{I}_{nC} + \underline{I}_{nC} \exp(j\omega t)\} \tag{38.11}$$

mit

$$\bar{I}_{nC} = -I_{nC0} \left(\exp\left(\frac{e\bar{U}_{CB}}{kT}\right) - 1\right), \tag{38.12}$$

$$I_{nC0} = eA \sqrt{\frac{D_n}{\tau_n'}}\, n_D \exp\left(-\frac{eU_D'}{kT}\right), \qquad (38.13)$$

$$\underline{I}_{nC} = -\frac{e\check{U}_{CB}}{kT} I_{nC0} \sqrt{1 + j\omega\tau_n'} \exp\left(\frac{e\bar{U}_{CB}}{kT}\right), \qquad (38.14)$$

wobei τ_n' die mittlere Lebensdauer der Elektronen im Kollektormaterial darstellt.

Für die Kollektorvorspannung setzen wir voraus

$$\bar{U}_{CB} < 0; \ | e\bar{U}_{CB} | \gg kT. \qquad (38.15)$$

Dies ist, analog wie die hinreichend große positive Anodenvorspannung bei der Elektronenröhre, notwendig für die Verstärkerwirkung des Transistors, und wir erhalten

$$\bar{I}_{nC} = I_{nC0} \qquad (38.16)$$

und

$$\underline{I}_{nC} = 0. \qquad (38.17)$$

Unbekannt sind uns also nun nur noch die beiden Stromanteile I_{pE} und I_{pC} (vgl. Abb. 38.1, S. 151). Zu ihrer Berechnung dürfen wir nicht die Formeln des Abschnitts 35.2. verwenden, da ja dort angenommen wurde, daß die in das andere Material hineindiffundierenden Minoritätsträger nicht bis zum Rand des Materials gelangen. Das hieße in unserem Falle $\sqrt{D_p\tau_p} \ll l$. Die Wirkungsweise der Transistoren beruht aber gerade auf der Bedingung, daß die Diffusionslänge $\sqrt{D_p\tau_p}$ *groß* gegen die Dicke der Basisschicht l ist, d. h., wir müssen die entsprechenden Differentialgleichungen mit anderen Randbedingungen lösen: Für die Defektelektronen gilt bei kleinen Injektionen im Gebiet $0 \leq z \leq l$ analog zu den Gleichungen (35.37) und (35.38)[1])

$$\frac{\partial \Delta p}{\partial t} = -\frac{\Delta p}{\tau_p} + D_p \frac{\partial^2 \Delta p}{\partial z^2}, \qquad (38.18)$$

---

[1]) Das andere Vorzeichen in Gl. (38.19) resultiert aus der Tatsache, daß die Ladung eines Defektelektrons $+e$ ist.

$$I_{\mathrm{p}} = -eAD_{\mathrm{p}} \frac{\partial \Delta p}{\partial z}, \tag{38.19}$$

wobei Δp die Differenz der Defektelektronendichte p zu ihrem thermischen Gleichgewichtswert p_0 bezeichnet, also

$$\Delta p = p - p_0. \tag{38.20}$$

Die Differentialgleichungen (38.18) und (38.19) sind nun mit den Randbedingungen [vgl. die Gln. (38.1) und (38.2)]

$$\Delta p(z = 0) = p_0 \exp\left(\frac{eU_{\mathrm{EB}}}{kT}\right) - p_0 \tag{38.21}$$

und [beachte Gl. (38.15)]

$$\Delta p(z = l) = -p_0 \tag{38.22}$$

zu lösen.

38.1. *Gleichstromverhalten von Transistoren*

Wir setzen

$$\check{U}_{\mathrm{EB}} = \check{U}_{\mathrm{CB}} = 0, \tag{38.23}$$

d. h., es muß auch $\partial \Delta p / \partial t$ verschwinden, und wir erhalten aus Gl. (38.18)

$$\Delta p = D_{\mathrm{p}} \tau_{\mathrm{p}} \frac{\mathrm{d}^2 \Delta p}{\mathrm{d}z^2} \tag{38.24}$$

oder

$$\Delta p = c_1 \exp\left(-\frac{z}{\sqrt{D_{\mathrm{p}} \tau_{\mathrm{p}}}}\right) + c_2 \exp\left(+\frac{z}{\sqrt{D_{\mathrm{p}} \tau_{\mathrm{p}}}}\right). \tag{38.25}$$

Die beiden Integrationskonstanten c_1 und c_2 ergeben sich leicht durch Einsetzen der Lösung (38.25) in die Randbedingungen (38.21) und (38.22) zu

$$c_1 = p_0 \frac{\left[\exp\left(\frac{e\overline{U}_{\mathrm{EB}}}{kT}\right) - 1\right] \exp\left(\frac{l}{\sqrt{D_{\mathrm{p}} \tau_{\mathrm{p}}}}\right) + 1}{\exp\left(\frac{l}{\sqrt{D_{\mathrm{p}} \tau_{\mathrm{p}}}}\right) - \exp\left(-\frac{l}{\sqrt{D_{\mathrm{p}} \tau_{\mathrm{p}}}}\right)}, \tag{38.26}$$

$$c_2 = p_0 \frac{\left[\exp\left(\frac{e\overline{U}_{\mathrm{EB}}}{kT}\right) - 1\right] \exp\left(-\frac{l}{\sqrt{D_{\mathrm{p}}\tau_{\mathrm{p}}}}\right) + 1}{\exp\left(-\frac{l}{\sqrt{D_{\mathrm{p}}\tau_{\mathrm{p}}}}\right) - \exp\left(\frac{l}{\sqrt{D_{\mathrm{p}}\tau_{\mathrm{p}}}}\right)}. \tag{38.27}$$

Setzen wir Δp in Gl. (38.19) ein und beachten, daß $\overline{I}_{\mathrm{p}}$ an der Stelle $z = 0$ gleich $\overline{I}_{\mathrm{pE}}$ und an der Stelle $z = l$ gleich $\overline{I}_{\mathrm{pC}}$ ist, so folgt nach einigen elementaren Umformungen

$$\overline{I}_{\mathrm{pE}} = \frac{eA\sqrt{\frac{D_{\mathrm{p}}}{\tau_{\mathrm{p}}}}\, p_0}{\tanh \frac{l}{\sqrt{D_{\mathrm{p}}\tau_{\mathrm{p}}}}} \left\{\exp\left(\frac{e\overline{U}_{\mathrm{EB}}}{kT}\right) - 1 + \frac{1}{\cosh \frac{l}{\sqrt{D_{\mathrm{p}}\tau_{\mathrm{p}}}}}\right\} \tag{38.28}$$

und

$$\overline{I}_{\mathrm{pC}} = \frac{eA\sqrt{\frac{D_{\mathrm{p}}}{\tau_{\mathrm{p}}}}\, p_0}{\tanh \frac{l}{\sqrt{D_{\mathrm{p}}\tau_{\mathrm{p}}}}} \left\{\frac{\exp\left(\frac{e\overline{U}_{\mathrm{EB}}}{kT}\right) - 1}{\cosh \frac{l}{\sqrt{D_{\mathrm{p}}\tau_{\mathrm{p}}}}} + 1\right\}. \tag{38.29}$$

Wir führen zur Vereinfachung der Schreibweise die beiden Größen I_{pE0} und α_{p0} durch die Definitionen

$$I_{\mathrm{pE0}} = \frac{eA\sqrt{\frac{D_{\mathrm{p}}}{\tau_{\mathrm{p}}}}\, p_0}{\tanh \frac{l}{\sqrt{D_{\mathrm{p}}\tau_{\mathrm{p}}}}} \approx \frac{eA}{l} D_{\mathrm{p}} p_0 \tag{38.30}$$

$\left(\text{wegen } l \ll \sqrt{D_{\mathrm{p}}\tau_{\mathrm{p}}}\right)$ und

$$\alpha_{\mathrm{p0}} = \frac{1}{\cosh \frac{l}{\sqrt{D_{\mathrm{p}}\tau_{\mathrm{p}}}}} \tag{38.31}$$

ein. Dann ergibt sich für den gesamten Emittergleichstrom $\bar{I}_E$

$$\begin{aligned}\bar{I}_E &= \bar{I}_{nE} + \bar{I}_{pE} \\ &= (I_{nE0} + I_{pE0})\left[\exp\left(\frac{e\bar{U}_{EB}}{kT}\right) - 1\right] + \alpha_{p0} I_{pE0}, \quad (38.32)\end{aligned}$$

wobei $\bar{I}_{nE}$ nach Gl. (38.6) eingesetzt wurde. Für den gesamten Kollektorgleichstrom $\bar{I}_C$ folgt unter Beachtung der Vorzeichen nach Abb. 38.1, S. 151, und der Formel für $\bar{I}_{nC}$ [Gl. (38.12)]

$$\begin{aligned}-\bar{I}_C &= \bar{I}_{nC} + \bar{I}_{pC} \\ &= \alpha_{p0} I_{pE0}\left[\exp\left(\frac{e\bar{U}_{EB}}{kT}\right) - 1\right] + I_{pE0} + I_{nC0}. \quad (38.33)\end{aligned}$$

Die beiden Gleichungen (38.32) und (38.33) geben den Emitter- und den Kollektorgleichstrom als Funktion der Emittergleichspannung $\bar{U}_{EB}$. Durch Eliminieren von $\bar{U}_{EB}$ erhält man daraus sofort die Abhängigkeit des Kollektorgleichstromes vom Emittergleichstrom:

$$\begin{aligned}\bar{I}_C = &-\left(\frac{I_{pE0}}{I_{nE0} + I_{pE0}}\,\alpha_{p0}\right)\bar{I}_E - (I_{nE0} + I_{pE0}) \\ &\times\left[1 - \left(\frac{I_{pE0}}{I_{nE0} + I_{pE0}}\,\alpha_{p0}\right)^2\right] - I_{nC0} + I_{nE0}. \quad (38.34)\end{aligned}$$

Der Kurzschlußstromverstärkungsfaktor für langsame Gleichstromänderungen α_0 ergibt sich also gemäß der Definitionsgleichung (37.2) zu

$$\alpha_0 = \alpha_{p0}\frac{I_{pE0}}{I_{nE0} + I_{pE0}}, \quad (38.35)$$

d. h., α_0 wird zu α_{p0} [Gl. (38.31)], sofern der Emitterstrom vorwiegend von den Defektelektronen bestimmt wird. Die von $\bar{I}_E$ unabhängigen Summanden in Gl. (38.34) stellen gemäß Definition (vgl. Tab. 37.1, S. 141) den Kollektorsperrstrom I_{CB0} dar, also

$$I_{\mathrm{CB0}} = -(I_{\mathrm{nE0}} + I_{\mathrm{pE0}})\,[1 - \alpha_0^2] - I_{\mathrm{nC0}} + I_{\mathrm{nE0}}, \qquad (38.36)$$

so daß sich Gl. (38.34) in der einfachen Form

$$\bar{I}_{\mathrm{C}} = -\alpha_0 \bar{I}_{\mathrm{E}} + I_{\mathrm{CB0}} \qquad (38.39)$$

schreiben läßt. Man beachte dabei, daß I_{CB0} kleiner als Null ist, so daß die in Abb. 37.7, S. 143, dargestellte Gerade tatsächlich die Ordinatenachse oberhalb des Nullpunktes ($\bar{I}_{\mathrm{E}} = 0$) schneidet. Mit der in Gl. (37.1) definierten Emitterergiebigkeit

$$\gamma_0 = \frac{\bar{I}_{\mathrm{pE}}}{\bar{I}_{\mathrm{E}}} = \frac{\bar{I}_{\mathrm{pE}}}{\bar{I}_{\mathrm{pE}} + \bar{I}_{\mathrm{nE}}} \qquad (38.40)$$

läßt sich für

$$\bar{U}_{\mathrm{EB}} \gg \frac{kT}{e} \qquad (38.41)$$

auch die Gleichung (38.35) in eine einfache Form, nämlich

$$\alpha_0 = \gamma_0 \alpha_{\mathrm{p0}}, \qquad (38.42)$$

bringen.

38.2. Kleinsignaltheorie

Im Gegensatz zu Abschnitt 38.1. sind jetzt $\check{U}_{\mathrm{EB}}$ und $\check{U}_{\mathrm{CB}}$ verschieden von Null. Sie sollen dabei, wie schon früher gefordert [vgl. (38.4) und (38.10)] noch klein gegen die Temperaturspannung kT/e sein (≈ 25 mV bei Zimmertemperatur). Zur Lösung von Gl. (38.18) machen wir den Ansatz

$$\Delta p(z, t) = \mathrm{Re}\,\{\Delta p(z) + \underline{p}(z) \exp(j\omega t)\}, \qquad (38.43)$$

wobei $\Delta p(z)$ das im Abschnitt 38.1. gefundene Resultat ist. Durch Einsetzen in Gl. (38.18) ergibt sich dann

$$\frac{d^2\underline{p}(z)}{dz^2} = \frac{1 + j\omega\tau_p}{\tau_p D_p}\,\underline{p}(z) \tag{38.44}$$

Die zugehörigen Randbedingungen folgen aus den Gleichungen (38.21) und (38.22) zu

$$\underline{p}(z = 0) = p_0 \frac{e\check{U}_{EB}}{kT} \exp\left(\frac{e\overline{U}_{EB}}{kT}\right), \tag{38.45}$$

$$p(z = l) = 0, \tag{38.46}$$

wobei von der Voraussetzung $\check{U}_{EB} \ll kT/e$ Gebrauch gemacht wurde. Die allgemeine Lösung von Gl. (38.44) lautet

$$\underline{p} = \underline{c}_1 \exp\left(-z\sqrt{\frac{1 + j\omega\tau_p}{D_p\tau_p}}\right) + \underline{c}_2 \exp\left(z\sqrt{\frac{1 + j\omega\tau_p}{D_p\tau_p}}\right). \tag{38.47}$$

Die hierbei auftretenden Integrationskonstanten ergeben sich durch Einsetzen in die Bedingungsgleichungen (38.45) und (38.46) zu

$$\underline{c}_1 = p_0 \frac{\dfrac{e\check{U}_{EB}}{kT} \exp\left(\dfrac{e\overline{U}_{EB}}{kT}\right)}{1 - \exp\left(-2l\sqrt{\dfrac{1 + j\omega\tau_p}{D_p\tau_p}}\right)}, \tag{38.48}$$

$$\underline{c}_2 = -c_1 \exp\left(-2l\sqrt{\frac{1 + j\omega\tau_p}{D_p\tau_p}}\right). \tag{38.49}$$

Setzen wir $\underline{p}$ in Gl. (38.19) ein und beachten, daß $\underline{I}_p$ an der Stelle $z = 0$ gleich $\underline{I}_{pE}$ und an der Stelle $z = l$ gleich $\underline{I}_{pC}$ ist, so folgt wie im Abschnitt 38.1. nach einigen elementaren Umformungen und unter Verwendung von Gl. (38.30)

$$\underline{I}_{pE} \approx \frac{e}{kT} I_{pE0} \frac{l\sqrt{\frac{1+j\omega\tau_p}{D_p\tau_p}}}{\tanh\left(l\sqrt{\frac{1+j\omega\tau_p}{D_p\tau_p}}\right)} \check{U}_{EB} \exp\left(\frac{e\overline{U}_{EB}}{kT}\right) \tag{38.50}$$

und

$$\underline{I}_{pC} = \frac{\underline{I}_{pE}}{\cosh\left(l\sqrt{\frac{1+j\omega\tau_p}{D_p\tau_p}}\right)}. \tag{38.51}$$

Da also weder $\underline{I}_{pC}$ noch $\underline{I}_{nC}$ [vgl. Gl. (38.17)] von der Kollektorwechselspannung $\check{U}_{CB}$ abhängen, ist der Wechselstromleitwert des Basis-Kollektor-Übergangs, sofern wir von der Sperrschichtkapazität [vgl. Abschnitt 35.1., Gl. (35.16)] und der weiter unten behandelten Basisbreitenmodulation absehen, gleich Null. Demgegenüber ergibt sich für den komplexen Wechselstromleitwert des Emitter-Basis-Übergangs $\underline{Y}_E$ ein endlicher Wert, nämlich

$$\underline{Y}_E = \frac{\underline{I}_E}{\check{U}_{EB}} = \frac{\underline{I}_{pE} + \underline{I}_{nE}}{\check{U}_{EB}} = \underline{Y}_{pE} + \underline{Y}_{nE} \tag{38.52}$$

mit [vgl. die Gln. (38.50) und.(38.8)]

$$\underline{Y}_{pE} = \frac{eI_{pE0}}{kT} \frac{l\sqrt{\frac{1+j\omega\tau_p}{D_p\tau_p}}}{\tanh\left(l\sqrt{\frac{1+j\omega\tau_p}{D_p\tau_p}}\right)} \exp\left(\frac{e\overline{U}_{EB}}{kT}\right) \tag{38.53}$$

und

$$\underline{Y}_{nE} = \frac{eI_{nE0}}{kT} \sqrt{1+j\omega\tau_n} \exp\left(\frac{e\overline{U}_{EB}}{kT}\right). \tag{38.54}$$

Unter den vereinfachenden Annahmen

$$I_{nE0} \ll I_{pE0}\,; \quad \alpha_{p0} \approx 1 \tag{38.55}$$

und

$$\omega \ll \frac{D_p}{l^2} \tag{38.56}$$

folgt

$$\underline{Y}_E = G_{E0} + j\omega C_{E0} \tag{38.57}$$

mit

$$G_{E0} \approx \frac{e\bar{I}_E}{kT}, \tag{38.58}$$

$$C_{E0} \approx \frac{1}{3}\, G_{E0}\, \frac{l^2}{D_p}. \tag{38.59}$$

Aufgabe:

Man beweise die Gleichungen (38.57), (38.58) und (38.59) unter Verwendung der Gleichungen (38.52), (38.53) und (38.32).

In Analogie zu Gl. (37.2) definiert man die Kurzschlußstromverstärkung für Wechselströme kleiner Amplitude durch den Quotienten

$$\underline{\alpha} = -\frac{\underline{I}_C}{\underline{I}_E}. \tag{38.60}$$

Unter Beachtung von Abb. 38.1, S. 151, sowie der Gleichungen (38.17) und (38.51) folgt daraus

$$\underline{\alpha} = \frac{\underline{I}_{pC} + \underline{I}_{nC}}{\underline{I}_{pE} + \underline{I}_{nE}} = \frac{\underline{I}_{pC}}{\underline{I}_{pE} + \underline{I}_{nE}} = \underline{\alpha}_p \frac{\underline{I}_{pE}}{\underline{I}_{pE} + \underline{I}_{nE}} \tag{38.61}$$

mit

$$\underline{\alpha}_p = \frac{\underline{I}_{pC}}{\underline{I}_{pE}} = \frac{1}{\cosh\left(l\sqrt{\dfrac{1 + j\omega\tau_p}{D_p\tau_p}}\right)}. \tag{38.62}$$

Man sieht, daß $\underline{\alpha}_p$ für $\omega = 0$ in die schon früher eingeführte Größe α_{p0} [vgl. Gl. (38.31)] übergeht. Entsprechend geht auch $\underline{\alpha}$ in α_0 über, da der Quotient

$$\frac{\underline{I}_{pE}}{\underline{I}_{pE} + \underline{I}_{nE}},$$

den man sinnvollerweise mit $\underline{\gamma}$ bezeichnet, für $\omega = 0$ mit der (Gleichstrom-) Emitterergiebigkeit γ_0 identisch wird [vgl. die Gln. (38.50), (38.8) und (38.40)].

Für $\underline{\gamma}$ leitet man leicht die Beziehung her:

$$\underline{\gamma}^{-1} = 1 + \frac{n_D}{n_A}\sqrt{\frac{D_n\tau_p}{D_p\tau_n}}\sqrt{\frac{1 + j\omega\tau_n}{1 + j\omega\tau_p}} \times \tanh\left(l\sqrt{\frac{1 + j\omega\tau_p}{D_p\tau_p}}\right). \tag{38.63}$$

Aufgabe:

Man beweise die Gleichung (38.63) unter Verwendung der Beziehungen (38.50), (38.8), (38.1a), (38.7) und (38.30).

Daraus folgt dann für γ_0, sofern wir noch die Leitfähigkeit des Emitter- (σ_E) und des Basismaterials (σ_B) einführen ($\sigma_E \propto n_A D_p$; $\sigma_B \propto n_D D_n$),

$$\gamma_0 = \frac{1}{1 + \frac{\sigma_B}{\sigma_E}\frac{l}{\sqrt{D_n\tau_n}}}. \tag{38.64}$$

Wie man sich leicht durch eine Reihenentwicklung von Gl. (38.63) überzeugt, ergibt sich

$$\underline{\gamma} \approx \gamma_0 \tag{38.65}$$

auch noch für Frequenzen, die der Bedingung

$$\omega \ll \frac{D_p}{l^2}, \frac{1}{\tau_n} \tag{38.66}$$

genügen. Bei höheren Frequenzen dagegen wird $\underline{\gamma}$ komplex, und der Betrag nimmt ab [Gl. (38.63)]. In dem durch (38.66) begrenzten Frequenzbereich läßt sich auch für $\underline{\alpha}$ eine einfache Näherungsformel angeben, und zwar folgt aus Gl. (38.61)

$$\begin{aligned} \underline{\alpha} &\approx \underline{\alpha}_{\mathrm{p}}\gamma_0 \\ &\approx \frac{\gamma_0}{1 + \frac{1}{2}\, l^2 \,\frac{1 + j\omega\tau_{\mathrm{p}}}{D_{\mathrm{p}}\tau_{\mathrm{p}}}} \\ &= \frac{\gamma_0}{1 + \frac{l^2}{2D_{\mathrm{p}}\tau_{\mathrm{p}}}}\, \frac{1}{1 + j\omega\, \frac{l^2}{2D_{\mathrm{p}}} \left(1 + \frac{l^2}{2D_{\mathrm{p}}\tau_{\mathrm{p}}}\right)^{-1}} \end{aligned} \tag{38.65a}$$

oder

$$\underline{\alpha} \approx \frac{\alpha_0}{\left(1 + j\,\frac{\omega}{\omega_\alpha}\right)} \tag{38.66a}$$

mit

$$\alpha_0 = \frac{\gamma_0}{\cosh \frac{l}{\sqrt{D_{\mathrm{p}}\tau_{\mathrm{p}}}}} \approx \frac{\gamma_0}{1 + \frac{l^2}{2D_{\mathrm{p}}\tau_{\mathrm{p}}}} \tag{38.67}$$

[vgl. die Gln. (38.42) und (38.31)] und der sog. „α-Grenzfrequenz" ω_α, die durch

$$\omega_\alpha = \frac{2D_{\mathrm{p}}}{l^2\alpha_{\mathrm{p}0}} \approx \frac{2D_{\mathrm{p}}}{l^2} \tag{38.68}$$

definiert ist. Nimmt man an, daß die Beziehung (38.66a) auch bis zu Frequenzen von der Größenordnung ω_α noch Gültigkeit besitzt — dies wird wenigstens in erster Näherung erfüllt sein —, so gibt ω_α diejenige Frequenz an, bei der $|\underline{\alpha}|^2$ und damit auch die maximale Leistungsverstärkung des Transistors in der Basisschaltung auf die Hälfte des Wertes für niedrige Frequenzen abgesunken ist. Ein Vergleich von Tab. 38.1 und Gl. (38.68) zeigt

Tabelle 38.1

Diffusionskonstanten der Elektronen (D_n) und der Defektelektronen (D_p) für Germanium und Silizium bei Zimmertemperatur (vgl. Tab. 32.7, S. 51)

	D_p [m²/s]	D_n [m²/s]
Germanium	$49 \cdot 10^{-4}$	$100 \cdot 10^{-4}$
Silizium	$12{,}5 \cdot 10^{-4}$	$35 \cdot 10^{-4}$

(die entsprechende Beziehung für den npn-Transistor ergibt sich einfach, indem man den Index p durch n ersetzt), daß bei sonst gleichen Dimensionen der npn-Germaniumtransistor die höchste und der pnp-Siliziumtransistor die niedrigste Grenzfrequenz besitzt.

38.3. Basisbreitenmodulation

Bis jetzt haben wir vorausgesetzt, daß die Größe l, also die Breite des n-leitenden Gebietes zwischen den Sperrschichten (vgl. Abb. 38.1, S. 151), konstant ist. Wir wissen aber von der Behandlung der Halbleiter-Flächendioden her, daß die Breite einer Sperrschicht von der anliegenden Spannung abhängt.

Für einen pn-Übergang vom SCHOTTKYschen Typ, d. h. bei $z = z_m$, ändern sich die Donatoren- und Akzeptorenkonzentrationen sprunghaft, so daß für $z < z_m$ ein p-Halbleiter mit der räumlich konstanten Akzeptorenkonzentration n_A und für $z > z_m$ ein n-Halbleiter mit der räumlich konstanten Donatorenkonzentration n_D vorliegt, ergab sich [vgl. die Gln. (35.11) und (35.12)]

$$z_n - z_m = \sqrt{\frac{2\varepsilon\varepsilon_0 (U_D - \overline{U})\, n_A}{e n_D (n_D + n_A)}}, \tag{38.69}$$

$$z_m - z_p = \sqrt{\frac{2\varepsilon\varepsilon_0 (U_D - \overline{U})\, n_D}{e n_A (n_D + n_A)}}, \tag{38.70}$$

wobei e den Betrag der Ladung eines Elektrons, U_D die Diffusionsspannung des pn-Übergangs, ε_0 die absolute und ε die relative Dielektrizitätskonstante darstellt. $\overline{U}$ ist die anliegende Gleichspannung (vgl. Abb. 38.2), z_p der Anfang und z_n das Ende der Sperrschicht.

Bezeichnen wir die gesamte Breite des n-leitenden Materials im pnp-Transistor (vgl. Abb. 38.1, S. 151) mit l_0, so gilt

$$l = l_0 - \sqrt{\frac{2\varepsilon\varepsilon_0 (U_D - \overline{U}_{EB})\, n_A}{e n_D (n_D + n_A)}} - \sqrt{\frac{2\varepsilon\varepsilon_0 (U_D' - \overline{U}_{CB})\, n_A'}{e n_D (n_D + n_A')}}. \qquad (38.71)$$

Dabei beziehen sich wie bisher die ungestrichenen Größen (U_D, n_A) auf den Emitter- und die gestrichenen (U_D', n_A') auf den Kollektor-Basis-Übergang. Nun ist beim normalen Transistorbetrieb $\overline{U}_{EB} > 0$ und kleiner als U_D ($\approx 0{,}5$ V), wogegen $\overline{U}_{CB} < 0$ und $|\overline{U}_{CB}| \gg U_D'$ gilt. Das bedeutet, l wird in erster Linie nur durch die Kollektorspannung und deren Änderungen beeinflußt. Diese Modulation der Basisbreite l bei einer Änderung der Kollektorspannung bezeichnet man auch als Early-Effekt [E 1]. Als Folgeerscheinungen treten auf

1. eine Rückkopplung der Kollektorspannung auf den Emitterkreis,

2. eine zusätzliche Kollektorkapazität,

3. ein endlicher Kollektorleitwert.

Zum Verständnis der rückkoppelnden Wirkung nehmen wir an, daß die Rekombination in der Basis vernachlässigbar sei, d. h., $\overline{I}_p$ soll unabhängig von z sein. Auf Grund der Beziehung (38.19) folgt daraus

$$\frac{\partial p}{\partial z} = \text{const} \qquad (38.72)$$

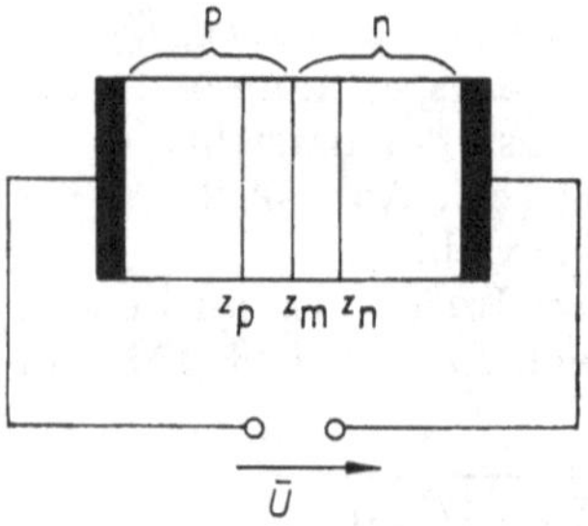

Abb. 38.2. Zur Wahl des positiven Vorzeichens der Spannung $\overline{U}$ an einem pn-Übergang

und wegen der Randbedingungen (38.21) und (38.22) die in Abb. 38.3 dargestellte z-Abhängigkeit von p. Wenn sich jetzt $\overline{U}_{CB}$ langsam um den kleinen Betrag $\delta\overline{U}_{CB}$ ändert, so entsteht eine Änderung von l um

$$\delta l = \frac{\partial l}{\partial \overline{U}_{CB}} \cdot \delta\overline{U}_{CB}, \tag{38.73}$$

und die in Abb. 38.3 dargestellte Gerade wird parallel zu sich verschoben, so daß der Schnittpunkt mit der z-Achse an die Stelle $l + \delta l$ rückt (gestrichelte Gerade in Abb. 38.3).

Die Defektelektronenkonzentration an der Stelle $z = 0$ erhöht sich damit auf

$$p_0 \exp\left(\frac{e\overline{U}_{EB}}{kT}\right)\frac{l + \delta l}{l},$$

wofür wir auch wegen der Kleinheit von $\delta l/l$

$$p_0 \exp\left\{\frac{e}{kT}\left(\overline{U}_{EB} + \frac{kT}{e}\frac{\delta l}{l}\right)\right\}$$

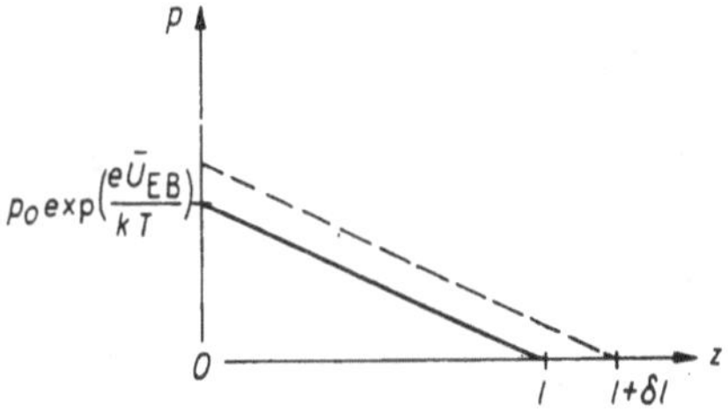

Abb. 38.3. Ortsabhängigkeit der Defektelektronendichte p in der Basis für eine Basisbreite l (———) bzw. $l + \delta l$ (– – –)

schreiben können. Das bedeutet, die Änderung der Kollektorspannung um $\delta \overline{U}_{CB}$ ist einer Änderung der Emitterspannung um den Betrag

$$\delta \overline{U}_{EB}^{(äq)} = \frac{kT}{e} \frac{\delta l}{l} = \frac{kT}{el} \frac{\partial l}{\partial \overline{U}_{CB}} \delta \overline{U}_{CB} \qquad (38.74)$$

äquivalent. Man schreibt dafür

$$\delta \overline{U}_{EB}^{(äq)} = \mu_{EC} \, \delta \overline{U}_{CB} \qquad (38.75)$$

mit

$$\mu_{EC} = \frac{kT}{el} \frac{\partial l}{\partial \overline{U}_{CB}}. \qquad (38.76)$$

μ_{EC} liegt in der Größenordnung von $10^{-3} \cdots 10^{-4}$.

Die Entstehung einer zusätzlichen Kollektorkapazität sieht man leicht ein, da die in Abb. 38.3 dargestellte Verschiebung der $p(z)$-Geraden einer Vergrößerung δQ der in der Basis gespeicherten Ladungen (Anzahl der Defektelektronen) entspricht. Es ergibt sich, wenn A die Fläche senkrecht zur z-Achse bezeichnet, nach Abb. 38.3

$$\delta Q = e \cdot \frac{1}{2} \left\{ p_0 \exp\left(\frac{e\overline{U}_{EB}}{kT}\right) \frac{l + \delta l}{l} A(l + \delta l) \right.$$

$$- p_0 \exp\left(\frac{e\bar{U}_{EB}}{k}\right) Al\bigg\}$$

$$\approx eAp_0 \exp\left(\frac{e\bar{U}_{EB}}{kT}\right) \delta l. \tag{38.77}$$

Unter den Voraussetzungen

$$I_{nE0} \ll I_{pE0}; \quad \alpha_{p0} \approx 1 \tag{38.78}$$

folgt aus Gl. (38.32)

$$\bar{I}_E = I_{pE0} \exp\left(\frac{e\bar{U}_{EB}}{kT}\right) \tag{38.79}$$

und damit

$$\delta Q = eAp_0 \frac{\bar{I}_E}{I_{pE0}} \delta l. \tag{38.80}$$

Setzen wir noch I_{pE0} nach Gl. (38.30) ein und beachten Gl. (38.73), so folgt schließlich

$$\delta Q = \frac{\bar{I}_E l}{D_p} \frac{\partial l}{\partial \bar{U}_{CB}} \delta \bar{U}_{CB} \tag{38.81}$$

oder für die entsprechende Kapazität, die wir mit $C_{C0}^{(M)}$ bezeichnen,

$$C_{C0}^{(M)} = \frac{\bar{I}_E l}{D_p} \frac{\partial l}{\partial \bar{U}_{CB}}. \tag{38.82}$$

Zur Ableitung des Kollektorleitwertes gehen wir aus von Gl. (38.39),

$$\bar{I}_C = -\alpha_0 \bar{I}_E + I_{CB0}, \tag{38.83}$$

die wir bei konstant gehaltenem Emittergleichstrom $\bar{I}_E$ und unter Beachtung von Gl. (38.36) nach l differenzieren:

$$\frac{\partial \bar{I}_C}{\partial l} = -\bar{I}_E \frac{\partial \alpha_0}{\partial l} + (I_{nE0} + I_{pE0}) \cdot 2\alpha_0 \frac{\partial \alpha_0}{\partial l}$$

$$- (1 - \alpha_0^2) \frac{\partial I_{pE0}}{\partial l}. \tag{38.84}$$

Für α_0 verwenden wir den aus Gl. (38.67) mit Gl. (38.64) folgenden Näherungsausdruck

$$\alpha_0 \approx 1 - \frac{\sigma_B l}{\sigma_E \sqrt{D_n \tau_n}} - \frac{l^2}{2 D_p \tau_p} \tag{38.85}$$

und für I_{pE0} die Gl. (38.30). Dann ergibt sich

$$\frac{\partial \bar{I}_C}{\partial l} \approx [-\bar{I}_E + 2\alpha_0 (I_{nE0} + I_{pE0})] \left(\alpha_0 - 1 - \frac{l^2}{2 D_p \tau_p}\right) \frac{1}{l} + (1 - \alpha_0^2) \frac{I_{pE0}}{l}, \tag{38.86}$$

wofür wir

$$\frac{\partial \bar{I}_C}{\partial l} \approx -\frac{\bar{I}_E}{l} \left(\alpha_0 - 1 - \frac{l^2}{2 D_p \tau_p}\right) \tag{38.87}$$

schreiben können, da der Emitter-Basis-Übergang in Durchlaßrichtung vorgespannt ist [$e\,\bar{U}_{EB}/kT \gg 1$, vgl. Gl. (38.32)]. Mit Gl. (38.73) folgt dann schließlich für den Kollektorleitwert $G_{C0}^{(M)}$

$$\begin{aligned} G_{C0}^{(M)} &= \frac{\delta \bar{I}_C}{\delta \bar{U}_{CB}} = \frac{1}{\delta \bar{U}_{CB}} \frac{\partial \bar{I}_C}{\partial l} \frac{\partial l}{\partial \bar{U}_{CB}} \delta \bar{U}_{CB} \\ &= \frac{\bar{I}_E}{l} \left(1 - \alpha_0 + \frac{l^2}{2 D_p \tau_p}\right) \frac{\partial l}{\partial \bar{U}_{CB}}. \end{aligned} \tag{38.88}$$

Der entsprechende Widerstand ist von der Größenordnung $10^6 \cdots 10^7\ \Omega$.

Bei unserer Behandlung der Basisbreitenmodulation haben wir nur langsame Gleichspannungsänderungen ($\delta \bar{U}_{CB}$) betrachtet. Auf die allgemeine Theorie, die auch schnelle Änderungen der Kollektorspannung mit einschließt, d. h., wenn U_{CB} in der Form

$$U_{CB} = \bar{U}_{CB} + \check{U}_{CB} \cos \omega t \tag{38.89}$$

mit beliebigem ω (aber kleinem $\check{U}_{CB}$) geschrieben werden kann, wollen wir hier nicht näher eingehen, sondern lediglich das Resultat (vgl. [P 4]) angeben.

Die Gleichung für μ_{EC} [Gl. (38.76)] gilt auch bei höheren Frequenzen, während sowohl die Modulationskapazität $C_{C0}^{(M)}$ als auch der Modulationsleitwert $G_{C0}^{(M)}$ frequenzabhängig werden. Die allgemeinen Ausdrücke, die wir mit $C_C^{(M)}$ und $G_C^{(M)}$ bezeichnen, ergeben sich aus der Gleichung

$$G_C^{(M)} + j\omega C_C^{(M)} = G_{C0}^{(M)} + j\omega C_{C0}^{(M)} \frac{\tanh\left(l\sqrt{\dfrac{1+j\omega\tau_p}{D_p\tau_p}}\right)}{\left(l\sqrt{\dfrac{1+j\omega\tau_p}{D_p\tau_p}}\right)}. \tag{38.90}$$

Man sieht, daß für

$$\omega \ll \frac{D_p}{l^2}, \tag{38.91}$$

d. h. also, solange die Frequenzen klein gegen die α-Grenzfrequenz [vgl. Gl. (38.68)] bleiben, $G_C^{(M)}$ und $C_C^{(M)}$ frequenzunabhängig sind und mit den durch die Gleichungen (38.88) und (38.82) gegebenen Größen $G_{C0}^{(M)}$ und $C_{C0}^{(M)}$ übereinstimmen.

Das allgemeine Ersatzschaltbild des Transistors für kleine, aber beliebige hochfrequente Signale zeigt Abb. 38.4. R_B bezeichnet dabei den Bahnwiderstand der Basis, d. h. den ohmschen Widerstand des Basismaterials zwischen der Basiselektrode und dem Strompfad von der Emitter-Basis- zur Basis-Kollektor-Sperrschicht. C stellt die Sperrschichtkapazität des Basis-Kollektor-Übergangs dar, für die entsprechend Gl. (35.16)

$$C = A\sqrt{\frac{\varepsilon\varepsilon_0 e n_A' n_D}{2(n_A' + n_D)(U_D' - \overline{U}_{CB})}} \tag{38.92}$$

gilt. n_D ist die Donatorenkonzentration in der Basis, n_A' die Akzeptorenkonzentration im Kollektormaterial und U_D' die zugehörige Diffusionsspannung. $\bar{U}_{CB}$ bezeichnet die Kollektorvorspannung ($\bar{U}_{CB} < 0$), A die Querschnittsfläche, e den Betrag der Ladung eines Elektrons,

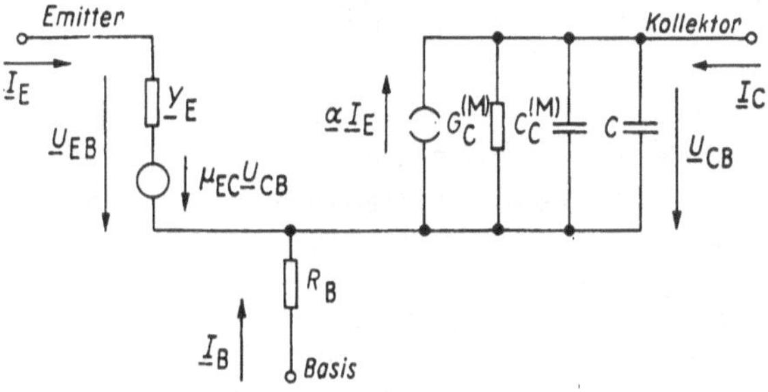

Abb. 38.4. Ersatzschaltbild eines Transistors für kleine, aber beliebig hochfrequente Wechselströme und Wechselspannungen

ε_0 die absolute und ε die relative Dielektrizitätskonstante. $\underline{Y}_E$ wird durch Gl. (38.52) ff., μ_{EC} durch Gl. (38.76), $\underline{\alpha}$ durch Gl. (38.61) ff. und $G_C^{(M)}$ sowie $C_C^{(M)}$ durch Gl. (38.90) gegeben.

38.4. Verhalten von Transistoren bei höheren Belastungen

Zusätzlich zu den Bemerkungen am Ende des Abschnitts 37 sollen hier noch einige Ergänzungen zum Verhalten von Transistoren bei großen Aussteuerungen angefügt werden.

Eine wichtige Größe stellt die maximale Verlustleistung des Transistors dar, da beim Überschreiten dieses Wertes die Temperatur so weit anwächst, daß Eigenleitung auftritt, die dann zur Zerstörung des Transistors führen kann. In dieser Hinsicht ist also Transistormaterial mit einem größeren Leitungsband-Valenzband-Abstand günstig (z. B. Silizium). Die maximale Arbeitstemperatur beträgt bei Germanium etwa 80 ··· 100 °C, während sie bei Silizium im Bereich von 150 ··· 200 °C liegt.

Der Betrag der Kollektorvorspannung $|\overline{U}_{CB}|$ darf ebenfalls einen bestimmten Grenzwert nicht überschreiten, damit die folgenden Effekte vermieden werden:

1. ein elektrischer Durchbruch (ZENER-Effekt) oder auch thermischer Durchbruch (vgl. Abb. 36.2, S. 126) in der Basis-Kollektor-Sperrschicht,

2. der sog. Kollektor-Emitter-Durchbruch („punch-through effect"), der dadurch entsteht, daß mit einer Vergrößerung des Betrags der Kollektorvorspannung schließlich die Breite l der Basis zwischen den beiden Sperrschichten Null wird [vgl. Abb. 38.1, S. 151, und Gl. (38.71)].

In Übereinstimmung mit dem Resultat des Abschnitts 38.2. [Gln. (38.57) ff.] nimmt der Emitterleitwert $\underline{Y}_E$ des Transistors mit dem Emittergleichstrom zu. Der Kollektorwiderstand $(G_C^{(M)})^{-1}$ ist gewöhnlich so groß gegen den äußeren Lastwiderstand des Kollektorkreises, daß sein Einfluß auch bei höheren Strömen vernachlässigt werden kann.

Interessanterweise nimmt der Bahnwiderstand R_B mit wachsendem Emitterstrom ab. Dies ist darauf zurückzuführen, daß bei höheren Injektionen die Defektelektronenkonzentration in der Basis wächst und damit wegen der Neutralitätsbedingung auch die Zahl der Majoritätsträger (Elektronen). Auf diese Weise kommt es zu einer Verringerung des spezifischen Widerstandes in der Basis und folglich zu einer Verkleinerung von R_B. Andererseits bewirkt der Anstieg des Emitterstroms auch eine Verkürzung der Zeit, die die Defektelektronen zum Durchlaufen der Strecke l benötigen. Dies läßt sich folgendermaßen beweisen: Bei hohen Injektionen (großem $\overline{I}_E$) ist die Elektronenkonzentration in der Basis nicht mehr groß gegen die Defektelektronenkonzentration, d. h., wir müssen mit einer elektrischen Feldstärke E_z infolge dieser Ladungsträger rechnen (vgl. S. 52ff.). Für den Elektronenstrom I_n im Gebiet $0 \leqq z \leqq l$ gilt also nach Gl. (35.25)

$$I_n = \frac{e^2}{kT} D_n n A E_z + e A D_n \frac{\partial n}{\partial z}, \qquad (38.93)$$

wobei D_n den Diffusionskoeffizienten, e den Betrag der Ladung eines Elektrons, k die BOLTZMANN-Konstante, T die absolute Temperatur, n die Elektronenkonzentration und A die Querschnittsfläche darstellt. Unter der Voraussetzung, daß es sich um einen Transistor handelt, bei dem der Emitter- und der Kollektorstrom praktisch nur durch Defektelektronen bestimmt werden ($I_{nE} = I_{nC} = 0$), vgl. Abb. 38.1, S. 151), folgt also aus Gl. (38.93)

$$E_z = -\frac{kT}{e} \frac{1}{n} \frac{\partial n}{\partial z}. \qquad (38.94)$$

Bezeichnen wir nun mit p die Defektelektronenkonzentration an der Stelle z infolge des Emitterstroms $\bar{I}_E$, so gilt näherungsweise für die Elektronenkonzentration an dieser Stelle

$$n = p + n_D, \qquad (38.95)$$

da für geringe Injektionen die Raumladungsdichte in jedem Punkt des Gebietes $0 \leqq z \leqq l$ verschwinden muß. n_D stellt dabei wie üblich die Donatorenkonzentration des Basismaterials dar. Nach Einsetzen der Gl. (38.95) in die Gl. (38.94) erhalten wir also

$$E_z = -\frac{kT}{e} \frac{1}{p + n_D} \frac{\partial p}{\partial z}. \qquad (38.96)$$

Für den Defektelektronenstrom I_p im Gebiet $0 \leqq z \leqq l$ folgt damit aus Gl. (35.28)

$$I_p = \frac{e^2}{kT} D_p p A E_z - eAD_p \frac{\partial p}{\partial z}$$

$$= -eAD_p \left(1 + \frac{p}{p + n_D}\right) \frac{\partial p}{\partial z}, \tag{38.97}$$

d. h., der Diffusionskoeffizient D_p der Defektelektronen ist durch einen effektiven Diffusionskoeffizienten

$$D_{p\,eff} = D_p \left(1 + \frac{p}{p + n_D}\right) \tag{38.98}$$

zu ersetzen, der für geringe Injektionen ($p \ll n_D$) mit dem wahren Diffusionskoeffizienten übereinstimmt und bei größeren Injektionen anwächst. Im Grenzfall $p \gg n_D$ ergibt sich

$$D_{p\,eff} = 2D_p, \tag{38.99}$$

und die Grenzfrequenz des Transistors ω_α vergrößert sich um den Faktor 2 [vgl. Gl. (38.68)].

Das bei höheren Injektionen entstehende elektrische Feld E_z [Gl. (38.96)] ist auch die Ursache dafür, daß die Kurzschlußstromverstärkung in der Emitterschaltung [vgl. z. B. Gl. (37.23)],

$$\beta_0 = \frac{\alpha_0}{1 - \alpha_0}, \tag{38.100}$$

mit größer werdendem Emittergleichstrom $\bar{I}_E$ zunächst anwächst. In vielen Fällen wird nämlich die mittlere Lebensdauer τ_p der Defektelektronen im Basismaterial nicht durch Rekombinationsprozesse im Inneren, sondern durch Rekombinationen an der Oberfläche bestimmt (vgl. S. 46). Ein elektrisches Feld in z-Richtung verringert aber die Wahrscheinlichkeit, daß ein Defektelektron an die Oberfläche diffundiert, und erhöht damit die effektive

Lebensdauer τ_p. Dies hat eine nur geringfügige Vergrößerung von α_0 [vgl. Gl. (38.67)] zur Folge, die aber bei β_0 merklich wird, da α_0 ungefähr Eins ist.

Bei einem weiteren Anwachsen des Emittergleichstroms nimmt β_0 jedoch wieder ab, da die Vergrößerung der Elektronenkonzentration in der Basis schließlich zu einer Verringerung der Emitterergiebigkeit γ_0 [vgl. (Gl. 38.40)] und einem Anwachsen der Volumenrekombinationsrate (τ_p wird kürzer) führt. Beide Erscheinungen bewirken auf Grund der Gleichungen (38.42) und (38.31) eine Verkleinerung von α_0 und damit erst recht von β_0.

39. Vierpolgleichungen des Transistors

Wir beginnen mit dem Ersatzschaltbild der Abb. 39.1, das sich leicht aus Abb. 38.4, S. 171, ergibt, indem man den komplexen Leitwert

$$\underline{Y}_C = G_C^{(M)} + j\omega\,(C + C_C^{(M)}) \qquad (39.1)$$

einführt. Die hierbei auftretenden Größen $\underline{Y}_E$, μ_{EC}, R_B, $G_C^{(M)}$, C, $C_C^{(M)}$ und $\underline{\alpha}$ sind im Abschnitt 38 berechnet worden und hängen im allgemeinen von der Frequenz ab. Bei Beschränkung auf Wechselströme und Wechselspannungen kleiner Amplitude (für die die Behandlung des Abschnitts 38 auch nur gilt) sind sie von diesen Amplituden unabhängig, können aber in gewissen Grenzen durch die Wahl des Arbeitspunktes, d. h. durch die Gleichspannungen ($\overline{U}_1$, $\overline{U}_2$) bzw. die Gleichströme ($\overline{I}_1$, $\overline{I}_2$), geändert werden. Der Kreis im linken oberen Zweig stellt eine Wechselstromquelle mit dem Innenwiderstand Null und der komplexen Spannungsamplitude

$$\mu_{EC}\,\frac{\underline{\alpha}\underline{I}_1 + \underline{I}_2}{\underline{Y}_C}$$

dar, während der unterbrochene Kreis im rechten Zweig eine Wechselstromquelle mit unendlich großem Innenwiderstand und der komplexen Stromamplitude

$$\underline{\alpha}\underline{I}_1$$

bedeutet. Auf Grund der Tatsache, daß die Größen $\underline{Y}_E$ usw. nicht von den komplexen Strom- und Spannungs-

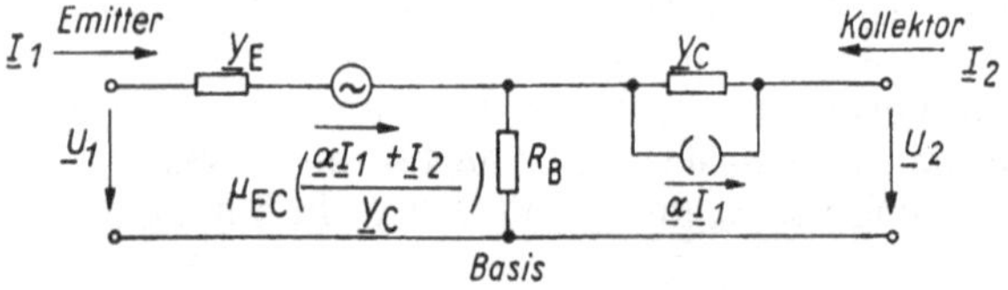

Abb. 39.1. Wechselstrom-Ersatzschaltbild eines Transistors für kleine, aber beliebig hochfrequente Wechselströme und Wechselspannungen $\underline{I}_1$, $\underline{I}_2$ bzw. $\underline{U}_1$, $\underline{U}_2$ sind die komplexen Strom- bzw. Spannungsamplituden

amplituden $\underline{I}_1, \underline{I}_2$ und $\underline{U}_1, \underline{U}_2$ abhängen, müssen zwischen $\underline{I}_1, \underline{I}_2, \underline{U}_1$ und $\underline{U}_2$ lineare Gleichungen bestehen, die wir in der Form

$$\underline{U}_1 = \underline{h}_{11B}\underline{I}_1 + \underline{h}_{12B}\underline{U}_2, \tag{39.2}$$

$$\underline{I}_2 = \underline{h}_{21B}\underline{I}_1 + \underline{h}_{22B}\underline{U}_2 \tag{39.3}$$

schreiben. Man bezeichnet diese Darstellung als die Vierpolgleichungen des Transistors in der Hybridform (Buchstabe h) für die Basisschaltung (Index B), weil als unabhängige Variable Ströme und Spannungen gemischt auftreten und die Basis dem Eingangskreis und dem Ausgangskreis gemeinsam ist.

Unsere Aufgabe besteht nun darin, die Konstanten $\underline{h}_{ijB}$ der Gleichungen (39.2) und (39.3) durch die Größen $\underline{Y}_E$, μ_{EC}, R_B, $\underline{Y}_C$ und $\underline{\alpha}$ auszudrücken.

Wir betrachten dazu zunächst den Spezialfall $\underline{I}_1 = 0$. Dann folgt aus den Vierpolgleichungen

$$\underline{U}_1 = \underline{h}_{12B}\underline{U}_2, \tag{39.4}$$

$$\underline{I}_2 = \underline{h}_{22B}\underline{U}_2, \tag{39.5}$$

und das Ersatzschaltbild liefert

$$\underline{U}_1 = \mu_{EC} \frac{\underline{I}_2}{\underline{Y}_C} + \underline{I}_2 \underline{R}_B, \tag{39.6}$$

$$\underline{U}_2 = \frac{\underline{I}_2}{\underline{Y}_C} + \underline{I}_2 R_B \tag{39.7}$$

oder durch entsprechende Umstellung

$$\underline{U}_1 = \frac{\dfrac{\mu_{EC}}{\underline{Y}_C} + R_B}{\dfrac{1}{\underline{Y}_C} + R_B} \underline{U}_2, \tag{39.8}$$

$$\underline{I}_2 = \frac{1}{\dfrac{1}{\underline{Y}_C} + R_B} \underline{U}_2. \tag{39.9}$$

Der Vergleich gibt dann sofort

$$\underline{h}_{12B} = \frac{\mu_{EC} + R_B \underline{Y}_C}{1 + R_B \underline{Y}_C} \tag{39.10}$$

und

$$\underline{h}_{22B} = \frac{\underline{Y}_C}{1 + R_B \underline{Y}_C}. \tag{39.11}$$

Für Kurzschluß im Ausgangskreis ($\underline{U}_2 = 0$) ergeben die Vierpolgleichungen

$$\underline{U}_1 = \underline{h}_{11B} \underline{I}_1, \tag{39.12}$$

$$\underline{I}_2 = \underline{h}_{21B} \underline{I}_1, \tag{39.13}$$

und das Ersatzschaltbild liefert

$$\underline{U}_1 = \frac{\underline{I}_1}{\underline{Y}_E} + \mu_{EC} \frac{\alpha \underline{I}_1 + \underline{I}_2}{\underline{Y}_C} + R_B (\underline{I}_1 + \underline{I}_2), \tag{39.14}$$

$$0 = \frac{\underline{I}_2 + \alpha \underline{I}_1}{\underline{Y}_C} + R_B (\underline{I}_1 + \underline{I}_2). \tag{39.15}$$

Durch Auflösung der letzten Gleichung nach $\underline{I}_2$ erhält man

$$\underline{I}_2 = -\frac{\underline{\alpha} + \underline{Y}_C R_B}{1 + \underline{Y}_C R_B} \underline{I}_1 \tag{39.16}$$

und, wenn man dieses Resultat noch in Gl. (39.14) verwendet,

$$\underline{U}_1 = \left(\frac{1}{\underline{Y}_E} + \frac{(1 - \mu_{EC})(1 - \underline{\alpha})}{1 + \underline{Y}_C R_B} R_B\right) \underline{I}_1 . \tag{39.17}$$

Der Vergleich gibt dann

$$\underline{h}_{11B} = \frac{1}{\underline{Y}_E} + \frac{(1 - \mu_{EC})(1 - \underline{\alpha})}{1 + \underline{Y}_C R_B} R_B \tag{39.18}$$

und

$$\underline{h}_{21B} = -\frac{\underline{\alpha} + \underline{Y}_C R_B}{1 + \underline{Y}_C R_B} . \tag{39.19}$$

Die physikalische Bedeutung der Größen $\underline{h}_{ijB}$ erkennt man aus dem Gleichungssystem (39.2), (39.3) : $\underline{h}_{11B}$ ist der Eingangswiderstand und $\underline{h}_{21B}$ die Stromverstärkung bei *Kurzschluß des Ausgangs* ($\underline{U}_2 = 0$). $1/\underline{h}_{22B}$ ist der Ausgangswiderstand und $1/\underline{h}_{12B}$ die Spannungsrückwirkung *bei Leerlauf des Eingangs* ($\underline{I}_1 = 0$).

Wegen des hohen Ausgangswiderstandes eines Transistors in der Basisschaltung ist ein Kurzschluß des Ausgangs und wegen des kleinen Eingangswiderstandes ein Leerlauf des Eingangs (d. h., der Innenwiderstand der Signalquelle muß groß gegen den Eingangswiderstand sein) experimentell leicht zu realisieren, d. h., alle vier Hybridparameter sind experimentell relativ einfach meßbar. Darauf beruht die Bedeutung der Vierpolgleichungen in der Hybriddarstellung.

Für die beiden anderen Schaltungsarten des Transistors, die Emitter- und die Kollektorschaltung, lassen sich ebenfalls Vierpolgleichungen in Hybridform aufschreiben, wobei aber natürlich andere Koeffizienten auftreten, die wir mit $\underline{h}_{ijE}$ bzw. $\underline{h}_{ijC}$ bezeichnen. Abb. 39.2 zeigt die drei Schaltungen mit den zugehörigen Vierpolgleichungen in Hybridform.

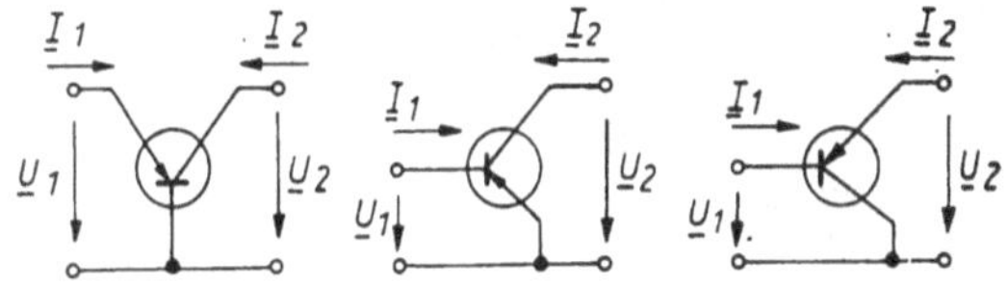

Basisschaltung	Emitterschaltung	Kollektorschaltung
$\underline{U}_1 = \underline{h}_{11B}\,\underline{I}_1 + \underline{h}_{12B}\,\underline{U}_2$	$\underline{U}_1 = \underline{h}_{11E}\,\underline{I}_1 + \underline{h}_{12E}\,\underline{U}_2$	$\underline{U}_1 = \underline{h}_{11C}\,\underline{I}_1 + \underline{h}_{12C}\,\underline{U}_2$
$\underline{I}_2 = \underline{h}_{21B}\,\underline{I}_1 + \underline{h}_{22B}\,\underline{U}_2$	$\underline{I}_2 = \underline{h}_{21E}\,\underline{I}_1 + \underline{h}_{22E}\,\underline{U}_2$	$\underline{I}_2 = \underline{h}_{21C}\,\underline{I}_1 + \underline{h}_{22C}\,\underline{U}_2$

Abb. 39.2. Die drei Transistorgrundschaltungen mit den zugehörigen Vierpolgleichungen in Hybridform

Tabelle 39.1

Hybridparameter der Emitterschaltung, ausgedrückt durch die Hybridparameter der Basis -bzw. Kollektorschaltung

$$\underline{h}_{11E} = \frac{\underline{h}_{11B}}{1 + \underline{h}_{21B} + \Delta\underline{h}_B - \underline{h}_{12B}} \approx \frac{\underline{h}_{11B}}{1 + \underline{h}_{21B}}$$
$$= \underline{h}_{11C}$$

$$\underline{h}_{12E} = \frac{\Delta\underline{h}_B - \underline{h}_{12B}}{1 + \underline{h}_{21B} + \Delta\underline{h}_B - \underline{h}_{12B}} \approx \frac{\Delta\underline{h}_B - \underline{h}_{12B}}{1 + \underline{h}_{21B}}$$
$$= 1 - \underline{h}_{12C}$$

$$\underline{h}_{21E} = -\frac{\underline{h}_{21B} + \Delta\underline{h}_B}{1 + \underline{h}_{21B} + \Delta\underline{h}_B - \underline{h}_{12B}} \approx -\frac{\underline{h}_{21B}}{1 + \underline{h}_{11B}}$$
$$= -(1 + \underline{h}_{21C})$$

$$\underline{h}_{22E} = \frac{\underline{h}_{22B}}{1 + \underline{h}_{21B} + \Delta\underline{h}_B - \underline{h}_{12B}} \approx \frac{\underline{h}_{22B}}{1 + \underline{h}_{21B}}$$
$$= \underline{h}_{22C}$$

$$\Delta\underline{h}_E = \underline{h}_{11E}\underline{h}_{22E} - \underline{h}_{12E}\underline{h}_{21E} = \frac{\Delta\underline{h}_B}{1 + \underline{h}_{21B} + \Delta\underline{h}_B - \underline{h}_{12B}} \approx \frac{\Delta\underline{h}_B}{1 + \underline{h}_{21B}}$$
$$= 1 + \underline{h}_{21C} + \Delta\underline{h}_C - \underline{h}_{12C} \approx 1 + \underline{h}_{21C}$$

Tabelle 39.2

Hybridparameter der Kollektorschaltung, ausgedrückt durch die Hybridparameter der Basis- bzw. Emitterschaltung

$$\underline{h}_{11C} = \frac{\underline{h}_{11B}}{1 + \underline{h}_{21B} + \Delta\underline{h}_B - \underline{h}_{12B}} \approx \frac{\underline{h}_{11B}}{1 + \underline{h}_{21B}} = \underline{h}_{11E}$$

$$\underline{h}_{12C} = \frac{1 + \underline{h}_{21B}}{1 + \underline{h}_{21B} + \Delta\underline{h}_B - \underline{h}_{12B}} \approx 1 = 1 - \underline{h}_{12E}$$

$$\underline{h}_{21C} = \frac{\underline{h}_{12B} - 1}{1 + \underline{h}_{21B} + \Delta\underline{h}_B - \underline{h}_{12B}} \approx -\frac{1}{1 + \underline{h}_{21B}} = -(1 + \underline{h}_{21E})$$

$$\underline{h}_{22C} = \frac{\underline{h}_{22B}}{1 + \underline{h}_{21B} + \Delta\underline{h}_B - \underline{h}_{12B}} \approx \frac{\underline{h}_{22B}}{1 + \underline{h}_{21B}} = \underline{h}_{22E}$$

$$\Delta\underline{h}_C = \underline{h}_{11C}\underline{h}_{22C} - \underline{h}_{12C}\underline{h}_{21C} = \frac{1}{1 + \underline{h}_{21B} + \Delta\underline{h}_B - \underline{h}_{12B}} \approx \frac{1}{1 + \underline{h}_{21B}} = 1 + \underline{h}_{21E} + \Delta\underline{h}_E - \underline{h}_{12E} \approx 1 + \underline{h}_{21E}$$

Die Umrechnung der Koeffizienten ist elementar, aber langwierig, weshalb wir in den Tabellen 39.1 bis 39.3 nur die Resultate angeben wollen.

Für Hochfrequenztransistoren werden an Stelle der Hybridparameter $\underline{h}_{ij}$ meist die Leitwertparameter $\underline{Y}_{ij}$ angegeben, die durch die Gleichungen

$$\underline{I}_1 = \underline{Y}_{11}\underline{U}_1 + \underline{Y}_{12}\underline{U}_2, \tag{39.20}$$

$$\underline{I}_2 = \underline{Y}_{21}\underline{U}_1 + \underline{Y}_{22}\underline{U}_2 \tag{39.21}$$

definiert sind. Durch Anfügung der Indizes B, C oder E gelten diese und die folgenden Gleichungen dann wahlweise für die Basis-, Kollektor- oder Emitterschaltung. Die Auflösung der beiden Gleichungen (39.20) und (39.21)

Tabelle 39.3

Hybridparameter der Basisschaltung, ausgedrückt durch die Hybridparameter der Emitter- bzw. Kollektorschaltung

$$\underline{h}_{11B} = \frac{\underline{h}_{11E}}{1 + \underline{h}_{21E} + \Delta\underline{h}_E - \underline{h}_{12E}} \approx \frac{\underline{h}_{11E}}{1 + \underline{h}_{21E}} = \frac{\underline{h}_{11C}}{\Delta\underline{h}_C}$$

$$h_{12B} = \frac{\Delta\underline{h}_E - \underline{h}_{12E}}{1 + \underline{h}_{21E} + \Delta\underline{h}_E - \underline{h}_{12E}} \approx \frac{\Delta\underline{h}_E - \underline{h}_{12E}}{1 + \underline{h}_{21E}} = 1 + \frac{\underline{h}_{21C}}{\Delta\underline{h}_C}$$

$$\underline{h}_{21B} = \frac{-\Delta\underline{h}_E - \underline{h}_{21E}}{1 + \underline{h}_{21E} + \Delta\underline{h}_E - \underline{h}_{12E}} \approx \frac{-\underline{h}_{21E}}{1 + \underline{h}_{21E}} = \frac{\underline{h}_{12C}}{\Delta\underline{h}_C} - 1$$

$$\underline{h}_{22B} = \frac{\underline{h}_{22E}}{1 + \underline{h}_{21E} + \Delta\underline{h}_E - \underline{h}_{12E}} \approx \frac{\underline{h}_{22E}}{1 + \underline{h}_{21E}} = \frac{\underline{h}_{22C}}{\Delta\underline{h}_C}$$

$$\Delta\underline{h}_B = \underline{h}_{11B}\underline{h}_{22B} - \underline{h}_{12B}\underline{h}_{21B} = \frac{\Delta\underline{h}_E}{1 + \underline{h}_{21E} + \Delta\underline{h}_E - \underline{h}_{12E}} \approx \frac{\Delta\underline{h}_E}{1 + \underline{h}_{21E}} = \frac{1 + \underline{h}_{21C} + \Delta\underline{h}_C - \underline{h}_{12C}}{\Delta\underline{h}_C}$$

nach $\underline{U}_1$ und $\underline{I}_2$ ergibt

$$\underline{U}_1 = \frac{1}{\underline{Y}_{11}}\,\underline{I}_1 - \frac{\underline{Y}_{12}}{\underline{Y}_{11}}\,\underline{U}_2, \tag{39.22}$$

$$\underline{I}_2 = \frac{\underline{Y}_{21}}{\underline{Y}_{11}}\,\underline{I}_1 + \frac{\underline{Y}_{11}\underline{Y}_{22} - \underline{Y}_{12}\underline{Y}_{21}}{\underline{Y}_{11}}\,\underline{U}_2, \tag{39.23}$$

und man findet durch Vergleich mit den Vierpolgleichungen in Hybridform (vgl. Abb. 39.2, S. 179) die in Tab. 39.4*a* zusammengestellten Resultate. Umgekehrt erhält man ebenso leicht die in Tab. 39.4*b* aufgeschriebenen Bezie-

Tabelle 39.4

a) Die Hybridparameter $\underline{h}_{ij}$, ausgedrückt durch die Leitwertparameter $\underline{Y}_{ij}$

$$\underline{h}_{11} = \frac{1}{\underline{Y}_{11}} \qquad \underline{h}_{12} = -\frac{\underline{Y}_{12}}{\underline{Y}_{11}}$$

$$\underline{h}_{21} = \frac{\underline{Y}_{21}}{\underline{Y}_{11}} \qquad \underline{h}_{22} = \frac{\underline{Y}_{11}\underline{Y}_{22} - \underline{Y}_{12}\underline{Y}_{21}}{\underline{Y}_{11}}$$

b) Die Leitwertparameter $\underline{Y}_{ij}$, ausgedrückt durch die Hybridparameter $\underline{h}_{ij}$

$$\underline{Y}_{11} = \frac{1}{\underline{h}_{11}} \qquad \underline{Y}_{12} = -\frac{\underline{h}_{12}}{\underline{h}_{11}}$$

$$\underline{Y}_{21} = \frac{\underline{h}_{21}}{\underline{h}_{11}} \qquad \underline{Y}_{22} = \frac{\underline{h}_{11}\underline{h}_{22} - \underline{h}_{12}\underline{h}_{21}}{\underline{h}_{11}}$$

hungen. Vor allem in technischen Handbüchern verwendet man gern an Stelle der doppelt indizierten Leitwertparameter $\underline{Y}_{ij}$ die Beziehungen

$\underline{Y}_{\mathrm{i}} = \underline{Y}_{11}$ = Kurzschluß-Eingangsleitwert,
$\underline{Y}_{\mathrm{r}} = \underline{Y}_{12}$ = Kurzschluß-Rücksteilheit,
$\underline{Y}_{\mathrm{f}} = \underline{Y}_{21}$ = Kurzschluß-Vorwärtssteilheit,
$\underline{Y}_{\mathrm{o}} = \underline{Y}_{22}$ = Kurzschluß-Ausgangsleitwert.

Die Begründung für diese Bezeichnungen liest man unmittelbar aus den Gleichungen (39.20) und (39.21) ab. Ganz analog schreibt man auch

$\underline{h}_{\mathrm{i}} = \underline{h}_{11}$ = Kurzschluß-Eingangswiderstand,
$\underline{h}_{\mathrm{r}} = \underline{h}_{12}$ = Leerlauf-Spannungsrückwirkung,
$\underline{h}_{\mathrm{f}} = \underline{h}_{21}$ = Kurzschluß-Stromverstärkungsfaktor,
$\underline{h}_{\mathrm{o}} = \underline{h}_{22}$ = Leerlauf-Ausgangsleitwert.

Nachdem wir die Hybridparameter der Basisschaltung durch die im Abschnitt 38 theoretisch abgeleiteten Größen $\underline{Y}_{\mathrm{E}}$ usw. ausgedrückt haben [Gln. (39.10), (39.11), (39.18) und (39.19)] und die Umrechnungen zwischen den Hybridparametern der drei verschiedenen Schaltungsarten (Tab. 39.1 bis 39.3) sowie die Umrechnung in die Leitwertparameter (Tab. 39.4) angegeben haben, können wir uns darauf beschränken, die charakteristischen Größen des Transistors als Verstärker, wie z. B. Eingangswiderstand, Leistungsverstärkung usw., durch die Hybridparameter auszudrücken. Wir beginnen mit den Vierpolgleichungen in Hybridform,

$$\underline{U}_1 = \underline{h}_{11}\underline{I}_1 + \underline{h}_{12}\underline{U}_2, \tag{39.24}$$

$$\underline{I}_2 = \underline{h}_{21}\underline{I}_1 + \underline{h}_{22}\underline{U}_2, \tag{39.25}$$

und betrachten die in Abb. 39.3 dargestellte Schaltung. $\underline{Y}_L$ sei der komplexe Leitwert des Verbrauchers (Last), für den wir

$$\underline{Y}_L = G_L + jB_L \tag{39.26}$$

schreiben, und $\underline{Z}_s$ der komplexe Innenwiderstand des Signalgenerators mit dem Realteil R_s und dem Imaginärteil X_s, also

$$\underline{Z}_s = R_s + jX_s. \tag{39.27}$$

Aus Abb. 39.3 liest man ab

$$\underline{I}_2 = -\underline{Y}_L\underline{U}_2 \tag{39.28}$$

und

$$\underline{U}_1 = \underline{U}_s - \underline{Z}_s\underline{I}_1. \tag{39.29}$$

Ersetzen wir $\underline{I}_2$ in Gl. (39.25) nach Gl. (39.28) und setzen das Resultat in Gl. (39.24) ein, so folgt

$$\underline{U}_1 = \underline{h}_{11}\underline{I}_1 - \underline{h}_{12}\frac{\underline{h}_{21}}{\underline{h}_{22} + \underline{Y}_2}\underline{I}_1 \tag{39.30}$$

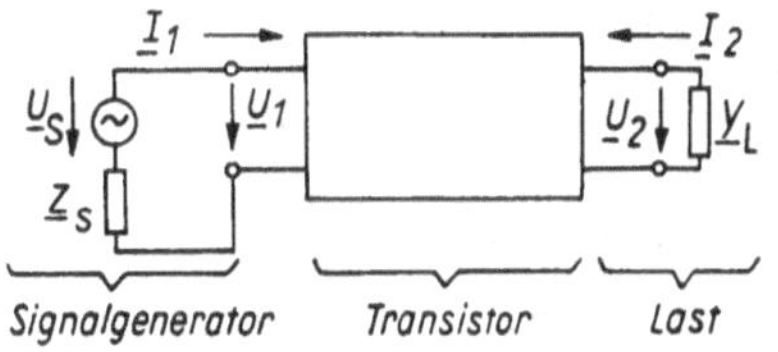

Abb. 39.3. Zur Ableitung der charakteristischen Größen eines Transistors als Verstärker

oder für den *Eingangswiderstand* $\underline{Z}_{\mathrm{i}}$

$$\underline{Z}_{\mathrm{i}} = \frac{\underline{U}_1}{\underline{I}_1} = \frac{\underline{Y}_{\mathrm{L}}\underline{h}_{11} + \Delta \underline{h}}{\underline{Y}_{\mathrm{L}} + \underline{h}_{22}}. \tag{39.31}$$

Ersetzen wir dagegen $\underline{U}_2$ in Gl. (39.25) nach Gl. (39.28), so ergibt sich für die *Stromverstärkung*

$$\frac{\underline{I}_2}{\underline{I}_1} = \frac{\underline{h}_{21}\underline{Y}_{\mathrm{L}}}{\underline{Y}_{\mathrm{L}} + \underline{h}_{22}}. \tag{39.32}$$

Zur Berechnung der Spannungsverstärkung gehen wir von Gl. (39.25) aus, in der wir wieder $\underline{I}_2$ mit Hilfe von Gl. (39.28) eliminieren:

$$-\underline{Y}_{\mathrm{L}}\underline{U}_2 - \underline{h}_{22}\underline{U}_2 = \underline{h}_{21}\underline{I}_1. \tag{39.33}$$

Außerdem ersetzen wir $\underline{U}_1$ in Gl. (39.24) gemäß Gl. (39.29) und erhalten

$$\underline{I}_1 = \frac{\underline{U}_{\mathrm{s}} - \underline{h}_{12}\underline{U}_2}{\underline{h}_{11} + \underline{Z}_{\mathrm{s}}}. \tag{39.34}$$

Diese Gleichung, in die Beziehung (39.33) eingesetzt, liefert dann nach einer kleinen Umformung für die *Spannungsverstärkung* den Ausdruck

$$\frac{\underline{U}_2}{\underline{U}_{\mathrm{s}}} = \frac{-\underline{h}_{21}}{(\underline{h}_{22} + \underline{Y}_{\mathrm{L}})(\underline{h}_{11} + \underline{Z}_{\mathrm{s}}) - \underline{h}_{12}\underline{h}_{21}}. \tag{39.35}$$

Die *Leistungsverstärkung* g definieren wir wieder als das Verhältnis der (Wirk-)Leistung, die an den Verbraucher abgegeben wird, zur verfügbaren Leistung der Signalquelle. Darunter versteht man die Leistung, die bei Anpassung abgegeben werden könnte, d. h., wenn der Signalgenerator von Abb. 39.3 mit dem komplexen Widerstand $R_{\mathrm{s}} - jX_{\mathrm{s}}$ belastet würde. Es folgt also

$$g = \frac{\frac{1}{2}\,\underline{U}_2\underline{U}_2^{*}G_{\mathrm{L}}}{\frac{1}{8R_{\mathrm{s}}}\,\underline{U}_{\mathrm{s}}\underline{U}_{\mathrm{s}}^{*}} \tag{39.36}$$

und, wenn wir $\underline{U}_2/\underline{U}_s$ nach Gl. (39.35) einsetzen,

$$g = \frac{4 R_s G_L \, |\underline{h}_{21}|^2}{|(\underline{h}_{22} + \underline{Y}_L)(\underline{h}_{11} + \underline{Z}_s) - \underline{h}_{12}\underline{h}_{21}|^2}. \qquad (39.37)$$

Als letzte Größe wollen wir noch den *Ausgangswiderstand* $\underline{Z}_0$ berechnen. Der Transistor (Abb. 39.3, S. 183) wirkt ausgangsseitig wie eine Stromquelle. Die Urspannung dieser Stromquelle ist die Leerlauf-Ausgangsspannung, also [vgl. Gl. (39.35) für $\underline{Y}_L = 0$]

$$\underline{U}_{20} = \frac{-\underline{h}_{21}\underline{U}_s}{\underline{h}_{22}(\underline{h}_{11} + \underline{Z}_s) - \underline{h}_{12}\underline{h}_{21}}, \qquad (39.38)$$

und der Innenwiderstand definitionsgemäß Z_0. Wegen der Beziehung

$$\underline{U}_2 = \underline{U}_{20} + \underline{I}_2\underline{Z}_0 \qquad (39.39)$$

(vgl. die Wahl der positiven Stromrichtung in Abb. 39.3) folgt

$$\underline{Z}_0 = \frac{\underline{U}_2 - \underline{U}_{20}}{\underline{I}_2} \qquad (39.40)$$

oder, wenn wir noch $\underline{I}_2$ mittels Gl. (39.28) und $\underline{U}_2$ sowie $\underline{U}_{20}$ mit Hilfe der Gleichungen (39.35) und (39.38) ersetzen,

$$\underline{Z}_0 = \frac{\underline{h}_{11} + \underline{Z}_s}{\underline{h}_{22}(\underline{h}_{11} + \underline{Z}_s) - \underline{h}_{12}\underline{h}_{21}}. \qquad (39.41)$$

Als Beispiel für die Anwendung der hier abgeleiteten Beziehungen wollen wir die Kurzschluß-Stromverstärkung in den drei Transistorgrundschaltungen berechnen. Kurzschluß heißt $\underline{Y}_L \to \infty$, so daß die Gl. (39.32) in die Form

$$\frac{\underline{I}_2}{\underline{I}_1} = \underline{h}_{21} \qquad (39.42)$$

übergeht. Für die Basisschaltung folgt also [vgl. Gl. (39.19)]

$$\left(\frac{\underline{I}_2}{\underline{I}_1}\right)_{\text{Basis}} = \underline{h}_{21\mathrm{B}} = -\frac{\underline{\alpha} + \underline{Y}_{\mathrm{C}} R_{\mathrm{B}}}{1 + \underline{Y}_{\mathrm{C}} R_{\mathrm{B}}} \approx -\underline{\alpha}, \quad (39.43)$$

für die Emitterschaltung (vgl. Tab. 39.1, S. 179)

$$\left(\frac{\underline{I}_2}{\underline{I}_1}\right)_{\text{Emitter}} = \underline{h}_{21\mathrm{E}} \approx -\frac{\underline{h}_{21\mathrm{B}}}{1 + \underline{h}_{21\mathrm{B}}} \approx \frac{\underline{\alpha}}{1 - \underline{\alpha}} \quad (39.44)$$

und für die Kollektorschaltung (vgl. Tab. 39.2, S. 180)

$$\left(\frac{\underline{I}_2}{\underline{I}_1}\right)_{\text{Kollektor}} = \underline{h}_{21\mathrm{C}} \approx -\frac{1}{1 + \underline{h}_{21\mathrm{B}}} \approx -\frac{1}{1 - \underline{\alpha}}. \quad (39.45)$$

Verwenden wir die im Abschnitt 38 abgeleitete Formel für $\underline{\alpha}$ [vgl. Gl. (38.66a)]

$$\underline{\alpha} = \frac{\alpha_0}{1 + j\frac{\omega}{\omega_\alpha}}, \quad (39.46)$$

so ergibt sich für den Betrag der Kurzschluß-Stromverstärkungen

$$\left|\frac{\underline{I}_2}{\underline{I}_1}\right|_{\text{Basis}} = |\underline{\alpha}| = \frac{\alpha_0}{\sqrt{1 + \left(\frac{\omega}{\omega_\alpha}\right)^2}}, \quad (39.47)$$

$$\left|\frac{\underline{I}_2}{\underline{I}_1}\right|_{\text{Emitter}} = \left|\frac{\underline{\alpha}}{1 - \underline{\alpha}}\right| = \frac{\frac{\alpha_0}{1 - \alpha_0}}{\sqrt{1 + \left(\frac{\omega}{\omega_\alpha(1 - \alpha_0)}\right)^2}}$$

$$= \frac{\beta_0}{\sqrt{1 + (\omega/\omega_\beta)^2}}, \quad (39.48)$$

$$\left|\frac{\underline{I}_2}{\underline{I}_1}\right|_{\text{Kollektor}} = \left|\frac{1}{1-\underline{\alpha}}\right| = \sqrt{\frac{1+(\omega/\omega_\alpha)^2}{(1-\alpha_0)^2+(\omega/\omega_\alpha)^2}}$$

$$= \frac{\beta_0}{\alpha_0}\sqrt{\frac{1+(\omega/\omega_\alpha)^2}{1+(\omega/\omega_\beta)^2}}, \tag{39.49}$$

wobei die Größen

$$\beta_0 = \frac{\alpha_0}{1-\alpha_0} \tag{39.50}$$

und

$$\omega_\beta = \omega_\alpha(1-\alpha_0) \tag{39.51}$$

eingeführt wurden. Die Emitterschaltung besitzt also im Vergleich zur Basisschaltung eine viel höhere Kurzschluß-Stromverstärkung bei niedrigen Frequenzen (β_0), aber auch eine viel niedrigere Grenzfrequenz (ω_β), von der an die Verstärkung mit wachsender Frequenz kleiner wird.

Aufgabe:

Man zeige, daß diejenige Frequenz, bei welcher der Betrag der Kurzschlußstromverstärkung in Emitterschaltung auf den Wert Eins abgesunken ist (Transitfrequenz f_T, vgl. S. 189), mit der α-Grenzfrequenz (f_α) übereinstimmt. [*Hinweis*: Diese Aussage ist nur streng richtig, wenn Gl. (39.46) gilt. Empirisch findet man $f_T \approx (0{,}8\ldots0{,}85)f_\alpha$].

In den Tabellen 39.5, 39.6 und 39.7 sind charakteristische Daten einiger moderner Transistoren angegeben.

Wir haben in diesem Abschnitt bisher nur vom Wechselstromersatzschaltbild und den Vierpolparametern für die Wechselströme und Wechselspannungen gesprochen. Dabei wurde implizit angenommen, daß sich ein geeigneter Arbeitspunkt durch entsprechende Wahl der Gleichspannungen bzw. Gleichströme einstellen läßt. Aus diesem Grund wollen wir noch einige Bemerkungen über die Einstellung des Arbeitspunktes bei Transistoren im Vergleich zu Elektronenröhren anfügen.

Der Transistor ähnelt in seinem Verhalten am meisten

Tabelle 39.5

SC 239E – Silizium-npn-Planartransistor für Niederfrequenzvorstufen[1])

Thermische Werte	$R_{th} < 0{,}5$ K/mW, $\vartheta_{jmax} = 125$°C	
Zulässige Höchstwerte ($\vartheta_a = 25$ °C)	$P_V = 200$ mW,	$U_{CB} = 30$ V,
	$U_{EB} = 5$ V,	$U_{CE} = 20$ V,
	$I_C = 100$ mA	
Restströme ($\vartheta_a = 25$ °C)	$I_{CBO} < 0{,}1\ \mu$A	($\bar{U}_{EB} = 30$ V)
	$I_{EBO} < 1\ \mu$A	($\bar{U}_{EB} = 5$ V)
Transitfrequenz	$f_T > 200$ MHz	($\bar{U}_{CE} = 6$ V, $\bar{I}_{CE} = 10$ mA
Rauschzahl	$F < 4$ dB	($\bar{U}_{CE} = 6$ V, $\bar{I}_C = 0{,}2$ mA, $f = 30$ Hz···15 kHz)
Kennwerte	für $\bar{U}_{CE} = 6$ V, $\bar{I}_C = 2$ mA, 1 kHz	
	$h_{11E} = (3\cdots8)$ kΩ	
	$h_{12E} = 2 \cdot 10^{+4}$	
	$h_{21E} = 224\cdots560$	
	$h_{22E} = (30\cdots60)\ \mu$S	

[1]) Die verwendeten Symbole werden auf S. 189/190 erklärt.

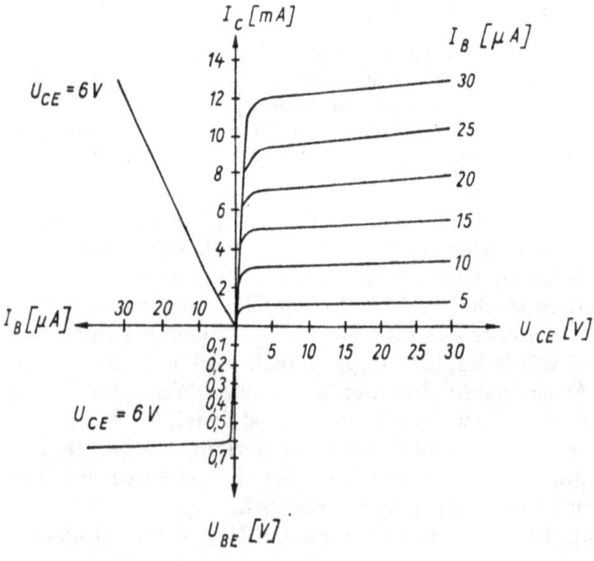

Tabelle 39.6

GF 145 – Germanium-pnp-Mesa-Flächentransistor für HF-Verstärker und Oszillatoren bis 860 MHz[1])

Thermische Werte	$\vartheta_{j\,max} = 90\,°C$; $\vartheta_{a\,max} = 60\,°C$
Zulässige Höchstwerte ($\vartheta_a = 45\,°C$)	$P_c = 60$ mW $-U_{CB} = 20$ V, $-U_{EB} = 0{,}3$ V, $-U_{CE} = 15$ V $-I_C = 10$ mA
Restströme ($\vartheta_a = 25\,°C$)	$-I_{CB0} < 8\,\mu A$ ($-\bar{U}_{CB} = 20$ V) $-I_{CE0} < 500\,\mu A$ ($-\bar{U}_{CE} = 15$ V) $-I_{EB0} < 100\,\mu A$ ($-\bar{U}_{EB} = 0{,}3$ V)
Rauschzahl	$F < 9$ dB ($-\bar{U}_{CE} = 12$ V, $-\bar{I}_C = 1{,}5$ mA, 800 MHz)
Transitfrequenz	$f_T \approx 600$ (>250) MHz ($-\bar{U}_{CE} = 12$ V, $-\bar{I}_C = 1{,}5$ mA)
Kennwerte	$\underline{Y}_{11B} = (39{,}5 - j\,18{,}5)$ mS $\underline{Y}_{12B} = (-0{,}06 - j\,0{,}15)$ mS $\underline{Y}_{21B} = (-29 + j\,24)$ mS $\underline{Y}_{22B} = (0{,}08 + j\,1{,}5)$ mS (alle bei $-\bar{U}_{CE} = 12$ V, $-\bar{I}_C = 1{,}5$ mA, $f = 200$ MHz) $g_B = 23$ dB ($-\bar{U}_{CE} = 12$ V, $-\bar{I}_C = 1{,}5$ mA, $f = 200$ MHz)

---

[1]) Die verwendeten Symbole haben folgende Bedeutung:

B	Großsignalstromverstärkung in Emitterschaltung
f_T	Transitfrequenz; Frequenz, bei welcher der Betrag der Kurzschluß-Stromverstärkung in Emitterschaltung für kleine Signale gleich 1 ist
F	Rauschzahl
g_B	optimale Leistungsverstärkung in Basisschaltung
I_C	Kollektorstrom
I_E	Emitterstrom
I_B	Basisstrom
I_{CB0}	Kollektorreststrom in Basisschaltung bei stromlosem Emitteranschluß
I_{CE0}	Kollektorreststrom in Emitterschaltung bei stromlosem Basisanschluß
I_{CER}	Kollektorreststrom in Emitterschaltung mit einem Widerstand R_{BE} zwischen Basis und Emitter
I_{EB0}	Emitterreststrom in Basisschaltung bei stromlosem Kollektoranschluß
P_c	Kollektorverlustleistung
P_V	Gesamtverlustleistung (Kollektor + Emitter)
R_{th}	Wärmewiderstand für freitragenden Einbau bei umgebender ruhender Luft $= (\vartheta_j - \vartheta_a)/P_V$
R_{thi}	innerer Wärmewiderstand (Sperrschicht – Gehäuse) $= (\vartheta_j - \vartheta_c)/P_V$
U_{CB}	Spannung zwischen Kollektor und Basis
U_{CE}	Spannung zwischen Kollektor und Emitter
U_{EB}	Spannung zwischen Emitter und Basis

Tabelle 39.7

ASZ 1015 – Germanium-pnp-Flächentransistor für Gleichstrom- und Niederfrequenz-Leistungsstufen[1])

Thermische Werte	$R_{thi} \leqq 2$ K/W	$\vartheta_{jmax} = 90\,°C$
Zulässige Höchstwerte ($\vartheta_a = 45°C$)	$P_V = 22{,}5$ W (falls die maximale Sperrschichttemperatur nicht überschritten wird)	
	$-U_{CB} = 80$ V,	$-U_{EB} = 40$ V, $-U_{CE} = 60$ V
	$-I_C = 6$ A,	$-I_B = 1$ A
Restströme	$-I_{CB0} \leqq 3$ mA	$(-\overline{U}_{CB} = 80$ V)
($\vartheta_j = 25\,°C$)	$-I_{EB0} \leqq 3$ mA	$(-\overline{U}_{EB} = 40$ V)
Transitfrequenz	$f_T \geqq 0{,}25$ MHz $(-\overline{U}_{CE} = 6$ V, $-\overline{I}_C = 1$ A)	
Stromverstärkung	$B = 15 \cdots 30$ $(-\overline{U}_{CE} = 1$ V, $-\overline{I}_C = 6$ A)	

[1]) Die verwendeten Symbole werden auf S. 189/190 erklärt.

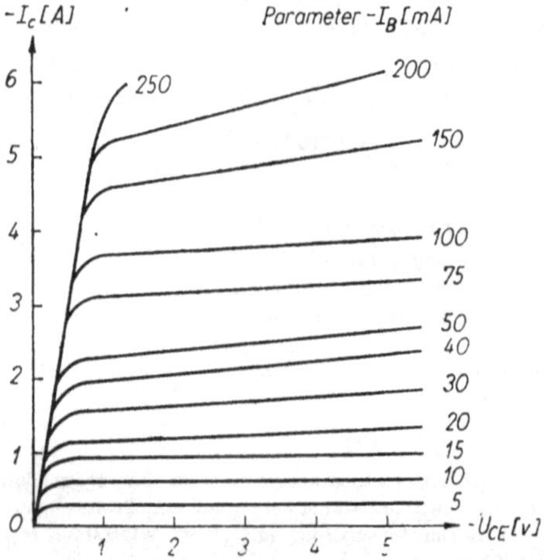

(*Fortsetzung der Fußnote von S. 189*)

$\underline{Y}_{11B}$	Kurzschluß-Eingangsleitwert
$\underline{Y}_{12B}$	Kurzschluß-Rückwärtssteilheit
$\underline{Y}_{21B}$	Kurzschluß-Vorwärtssteilheit
$\underline{Y}_{22B}$	Kurzschluß-Ausgangsleitwert
ϑ_a	Umgebungstemperatur („ambient temperature")
ϑ_c	Gehäusetemperatur („case temperature")
ϑ_j	Sperrschichttemperatur („junction temperature")

der Elektronenröhre (Pentode), wenn er in Emitterschaltung verwendet wird, da dann Eingangswiderstand und Spannungsverstärkung relativ groß sind. Es ergibt sich also folgende Analogie:

$$\text{Anode} \rightleftharpoons \text{Kollektor},$$
$$\text{Gitter} \rightleftharpoons \text{Basis},$$
$$\text{Katode} \rightleftharpoons \text{Emitter}.$$

Die „Anoden“spannung ($\overline{U}_{CE}$) ist aber beim pnp-Transistor negativ, da die Kollektor-Basis-Diode in Sperrichtung betrieben werden muß. Die „Gitter“spannung soll

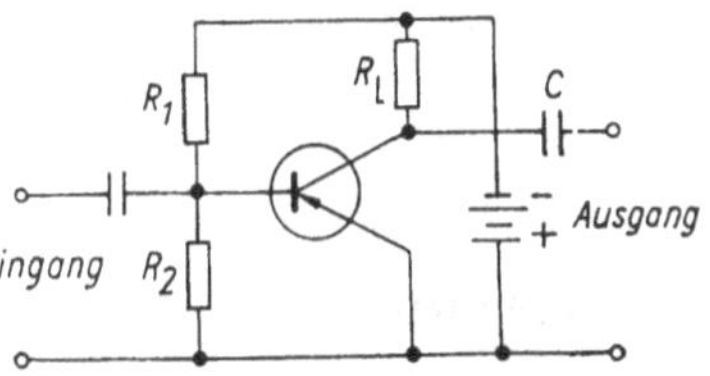

Abb. 39.4. Zur Einstellung des Arbeitspunktes bei einem pnp-Transistor in Emitterschaltung

wie bei der Elektronenröhre schwach negativ sein ($\overline{U}_{BE} < 0$). Sie kann aber hier infolge der negativen „Anoden“-spannung nicht mit einem „Katoden“widerstand erzeugt werden, sondern erfordert einen Spannungsteiler (vgl. R_1 und R_2 in Abb. 39.4). Bis zu diesem Punkt sind also Röhre und Transistor durchaus vergleichbar.

Die starke Temperaturabhängigkeit der Transistorkennwerte macht aber eine Reihe weiterer Maßnahmen notwendig:

1. Der Kollektorreststrom I_{CE0}, d. h. der Kollektorstrom für offene Basis ($\overline{I}_B = 0$), wächst exponentiell mit der Temperatur an. Bei Germanium vergrößert sich I_{CE0} je 10 K Temperaturerhöhung um den Faktor 2. (Bei Silizium beträgt dieser Faktor ≈ 3, jedoch sind Siliziumtransistoren deshalb nicht ungünstiger, weil I_{CE0} selbst um 2 bis 3 Zehnerpotenzen kleiner ist als bei Germanium.) Das bedeutet, mit wachsender Temperatur nimmt $|\bar{U}_{CE}|$ wegen des Spannungsabfalls an R_L ab. Diesen Nachteil kann man umgehen, wenn man anstelle von R_L eine Drossel oder statt der R_L—C-Kopplung einen Transformator verwendet.

2. Der Emittergleichstrom $\bar{I}_E$ wächst bei konstant gehaltener Emitter-Basis-Spannung $\bar{U}_{EB}$ mit der Temperatur in gleicher Weise wie I_{CE0} an. Abhilfe schafft hier ein Widerstand, den man in die Emitterzuleitung legt und der groß gegen $\bar{U}_{EB}/\bar{I}_E$ sein muß. Da dieser Quotient von der Größenordnung 10 Ω ist, genügen Widerstände von etwa 100 Ω, die man zur Vermeidung einer Wechselstromgegenkopplung (wie bei Elektronenröhren) mit einem hinreichend großen Kondensator überbrückt.

40. Transistoren bei hohen Frequenzen

40.1. Bipolare Transistoren

Als bipolare oder Injektionstransistoren werden die in den vorangegangenen Abschnitten behandelten Transistoren bezeichnet, um sie von den Unipolar- oder Feldeffekttransistoren zu unterscheiden, deren Verhalten in Abschn. 40.2. untersucht wird. Das Wechselstrom-Ersatzschaltbild (Abb. 39.1, S. 176) vereinfacht sich bei hohen Frequenzen zu der in Abb. 40.1 dargestellten

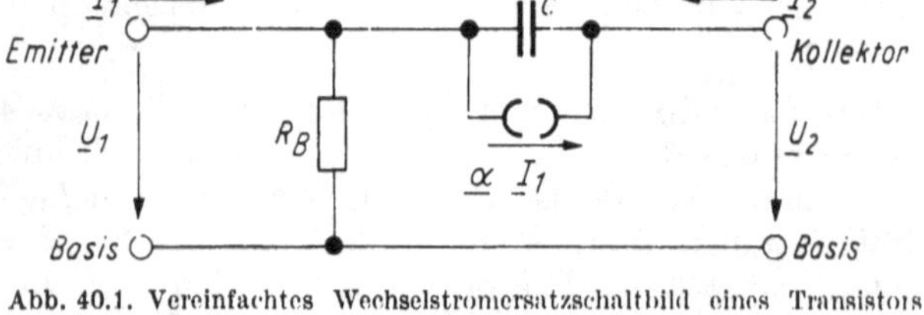

Abb. 40.1. Vereinfachtes Wechselstromersatzschaltbild eines Transistors für hohe Frequenzen

Schaltung, da $\underline{Y}_E^{-1}$ vernachlässigbar klein gegen R_B und $G_C^{(M)} + j\omega C_C^{(M)}$ vernachlässigbar klein gegen $j\omega C$ wird [vgl. Gl. (39.1)]. Außerdem wurde $\mu_{EC} = 0$ gesetzt, um die Betrachtungen nicht unnötig zu komplizieren.

Schaltet man zwischen Kollektor und Basis einen ohmschen Lastwiderstand R_L, so gelten die Beziehungen

$$\underline{U}_1 = R_B(\underline{I}_1 + \underline{I}_2), \tag{40.1}$$

$$\underline{U}_2 = R_B(\underline{I}_1 + \underline{I}_2) + \frac{1}{j\omega C}(\underline{\alpha}\underline{I}_1 + \underline{I}_2), \tag{40.2}$$

$$\underline{U}_2 = -R_L\underline{I}_2. \tag{40.3}$$

Eine einfache Rechnung unter Berücksichtigung der Annahme

$$R_L \gg R_B, \frac{1}{\omega C} \tag{40.4}$$

(„Leerlaufbetrieb“ des Transistors) liefert dann für die Spannungsverstärkung

$$\frac{\underline{U}_2}{\underline{U}_1} = 1 + \frac{\underline{\alpha}}{j\omega C R_B}. \tag{40.5}$$

Setzen wir noch $\underline{\alpha}$ nach Gl. (39.46) ein und verwenden als Abkürzung die sogenannte Relaxationsfrequenz

$$\omega_R = \frac{1}{CR_B}, \tag{40.6}$$

so ergibt sich

$$\frac{\underline{U}_2}{\underline{U}_1} = 1 - j\,\frac{\alpha_0}{1 + j\,\frac{\omega}{\omega_\alpha}}\,\frac{\omega_R}{\omega}. \tag{40.7}$$

Man erkennt aus dieser Beziehung, daß bei hinreichend großer Relaxationsfrequenz selbst noch für $\omega \gg \omega_\alpha$ eine

Spannungsverstärkung größer als Eins möglich ist, und zwar folgt

$$\frac{\underline{U}_2}{\underline{U}_1} = 1 - \alpha_0 \frac{\omega_R \omega_\alpha}{\omega^2}. \tag{40.8}$$

Für die Grenzfrequenz ergibt sich damit

$$\omega_{gr} \approx \sqrt{\omega_R \omega_\alpha} \tag{40.9}$$

und bei Verwendung der Gln. (40.6) und (38.68)

$$\omega_{gr} \approx \sqrt{\frac{2D_p}{R_B C l^2}}, \tag{40.10}$$

wobei R_B den Bahnwiderstand und l die Breite der Basisschicht bezeichnet. Für den Fall eines npn-Transistors ist lediglich D_p durch D_n, den Diffusionskoeffizienten der Elektronen, zu ersetzen. Zur Vergrößerung von ω_{gr} gibt es im wesentlichen drei Möglichkeiten:

1. eine günstige Wahl der Geometrie,
2. eine Vergrößerung von ω_α durch ein Driftfeld,
3. die Verwendung eines optimalen Halbleitermaterials

Zu 1: Eine Verkleinerung von R_B würde mit einer Vergrößerung von l verbunden sein und bringt damit keine Vorteile; dagegen ist es günstig, die Kollektorfläche so klein wie möglich zu wählen (Verringerung von C), was aber auf Kosten der zulässigen Kollektorverlustleistung geht. In Abb. 40.2 ist der Zusammenhang zwischen Grenzfrequenz und Ausgangsleistung für moderne Silizium-Höchstfrequenz-Leistungstransistoren dargestellt.

Zu 2: Die α-Grenzfrequenz ω_α stimmt gemäß Gl. (38.68) mit dem reziproken Wert der Laufzeit der Defektelektronen infolge Diffusion durch die Basisschicht überein. Zur Vergrößerung von ω_α muß also diese Laufzeit verringert werden, und dies wird bei den sogenannten Drifttransistoren durch eine ungleichförmige Dotierung des Basismaterials erreicht (die Dotierung verringert sich vom Emitter-Basis- bis zum Basis-Kollektor-Übergang, so daß die Donatoren, die bei Zimmertemperatur praktisch alle ionisiert sind, ein elektrisches Feld in dieser Richtung erzeugen und die Defektelektronen beschleunigen) [M 6], [G 1], [P 2], [S 6].

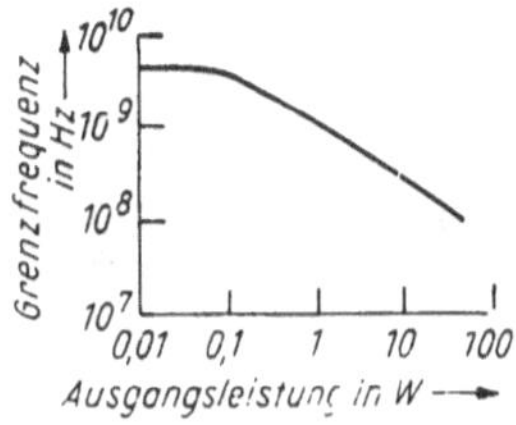

Abb. 40.2. Zusammenhang zwischen Grenzfrequenz und Ausgangsleistung bei modernen Si-Höchstfrequenz-Leistungstransistoren

Zu 3: Beachten wir, daß der Basiswiderstand R_B umgekehrt proportional zur Beweglichkeit der Elektronen μ_n (beim npn-Transistor entsprechend μ_p) ist und daß D_p gemäß der EINSTEINschen Beziehung [vgl. Gl. (32.93)] bis auf einen konstanten Faktor durch μ_p ersetzt werden kann, so folgt aus Gl. (40.10)

$$\omega_{gr} \propto \sqrt{\mu_p \, \mu_n}, \tag{40.11}$$

d. h., im Gegensatz zur α-Grenzfrequenz erhalten wir hier für pnp- und npn-Transistoren den gleichen Wert. Während die Wurzel auf der rechten Seite der Beziehung (40.11) für Germanium den Wert 2700 annimmt, ergibt sich für Silizium nur ein Wert von etwa 800 (vgl. Tab. 32.3a, S. 25). Dies bedeutet, daß mit Germanium etwa 3- bis 4mal höhere Grenzfrequenzen als mit Silizium erzielt werden können. Tatsächlich hat man die höchste Grenzfrequenz von etwa 7 GHz auch mit Germaniumtransistoren erreicht. Bei Leistungstransistoren ist jedoch Silizium auch im Bereich der höchsten Frequenzen dem Germanium wegen der höheren zulässigen Arbeitstemperatur (größerer Bandabstand) überlegen. Hoher Bandabstand und hohe Beweglichkeit, durch die sich GaAs auszeichnet (vgl. Tab. 32.3*a*, S. 25), würden demzufolge diesen Halbleiter als ideales Material für Höchstfrequenztransistoren erscheinen lassen, jedoch wird die Technologie bisher noch unzureichend beherrscht.

40.2. Feldeffekttransistoren[1])

Im Gegensatz zu den bipolaren Transistoren beruht die Wirkungsweise der sogenannten Unipolar- oder Feldeffekttransistoren auf der Bewegung von Majoritätsträgern.

Abb. 40.3*a* zeigt das Prinzip eines *pn-Feldeffekttransistors*. An den Enden eines n-Halbleiter-Einkristalls sind zwei Elektroden sperrschichtfrei angebracht, die als Quelle („source“) und Abzug oder Senke („drain“) bezeichnet werden. Diese Anordnung wirkt als Halbleiterwiderstand, in dem bei Anlegen einer äußeren Spannung U_{ds} ein Majoritätsträgerstrom (Elektronenstrom) fließt. Ein Umpolen der Spannung ändert lediglich die Richtung des Stromes, aber nicht seine Höhe. Die beiden Elektroden sind also gleichberechtigt. In der Mitte ist das Material

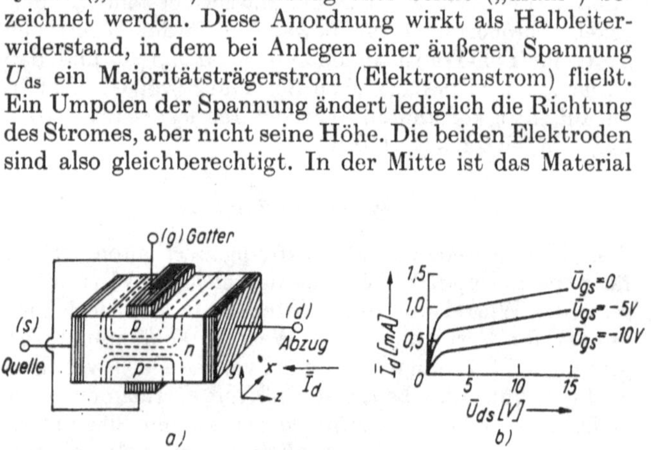

Abb. 40.3. Zur Wirkungsweise der pn-Feldeffekttransistoren

---

[1]) Vgl. auch Teil VII, Abschnitt 4b

von oben und unten her p-dotiert und mit einer dritten Elektrode versehen, die man Gatter („gate") nennt. Das Gatter wird negativ und der Abzug positiv gegen die Quelle vorgespannt. Das Gebiet der Sperrschicht (Verarmungszone) ist durch die gestrichelten Linien dargestellt und wird um so breiter, je stärker negativ das Potential des Gatters ist. Da in diesem Gebiet bewegliche Ladungsträger fehlen (abgesehen von der Paarbildung, d. h. der Eigenleitung), wird der Strompfad für die Elektronen in der Kristallmitte mehr oder weniger stark eingeschnürt, und der Strom von der Quelle zum Abzug (I_d) läßt sich analog wie bei einer Elektronenröhre regeln.

Eine Ausführungsform, die im gesamten Niederfrequenz- und Hochfrequenzbereich zunehmend an Bedeutung gewinnt, ist der sogenannte *Mosfet* (*M*etal *o*xide *s*urface *f*ield *e*ffect *t*ransistor). Hierbei ist die Gatterelektrode von dem Siliziumkristall durch eine isolierende Schicht aus Siliziumdioxid getrennt. Dadurch können sehr hohe Eingangswiderstände (über $10^{12}\,\Omega$) erreicht werden.

Abb. 40.4 zeigt den schematischen Aufbau eines *leitfähigkeitsgesteuerten* Mosfet. Zwischen der Quellen- und der Abzugselektrode, die zur besseren Kontaktierung auf niederohmigen, d. h. höher dotierten, Zonen (n^+-Gebiete) aufgebracht sind, fließt für $\overline{U}_{gs} = 0$ auch bei Anlegen höherer Abzugsspannungen ($\overline{U}_{ds} > 0$) kein nennenswerter Strom, wenn die Dotierung des Kristalls im n-Gebiet hinreichend klein ist. Wird aber eine positive Gatterspannung ($\overline{U}_{gs} > 0$) angelegt, so werden die in den tieferen Oberflächenschichten des n-Gebietes befindlichen beweglichen Elektronen zur Oberfläche gezogen (Influenz), und es entsteht ein Kanal höherer Leitfähigkeit zwischen den beiden hochdotierten Zonen n^+ (Anreicherungstyp). Die Grundkörperelektrode (*b*) wird meist mit Masse oder der Quellenelektrode verbunden. Sie kann aber unter Umständen auch als zweite Gatterelektrode fungieren.

Statt durch Anreicherung von Elektronen an der Oberfläche kann umgekehrt auch eine Steuerwirkung dadurch erreicht werden, daß in einem Siliziumkristall hoher Leitfähigkeit (n-Gebiet höher dotiert) die Elektronen durch $\bar{U}_{gs} < 0$ aus der Oberfläche vertrieben werden. Der Strom von der Quelle zum Abzug wird also dann mehr oder weniger geschwächt (Verarmungstyp).

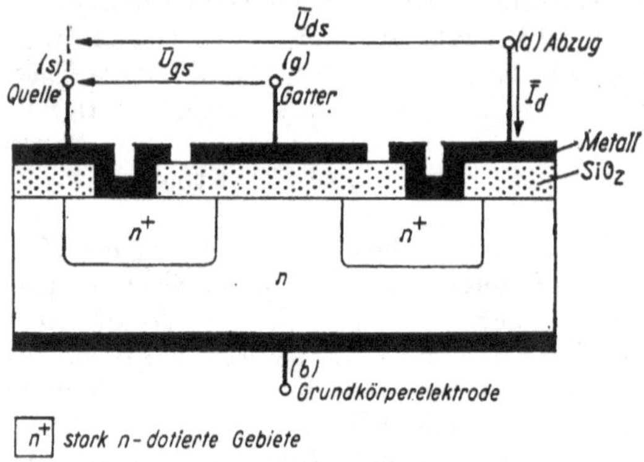

Abb. 40.4. Schematischer Aufbau eines leitfähigkeitsgesteuerten Mosfet ($\bar{U}_{ds} > 0$, $\bar{I}_{gs} > 0$)
a) $\bar{U}_{gs} > 0$: Der von der Quelle (*s*) zum Abzug (*d*) fließende Strom wird durch Steigerung der Elektronendichte an der Oberfläche verstärkt (Anreicherungstyp)
b) $\bar{U}_{gs} < 0$: Verringerung des Stromes gegenüber dem Fall $\bar{U}_{gs} = 0$ (Verarmungstyp)

Abb. 40.5 zeigt Kennlinienfelder für einen leitfähigkeitsgesteuerten Mosfet.

Den schematischen Aufbau eines *inversionsgesteuerten* Mosfet zeigt Abb. 40.6. Hier sind die Quellen- und Abzugselektrode auf niederohmigen Zonen (p^+-Gebiete) aufgebracht. die den umgekehrten Leitungstyp des Grundmaterials (n-Gebiet) besitzen. Für $\bar{U}_{ds} < 0$ bildet sich zwischen der p^+-Zone des Abzugs und dem n-Gebiet eine Sperrschicht aus, die einen Stromfluß zwischen Quelle und Abzug verhindert. Legt man das Gatter aber auf ein genügend hohes negatives Potential gegenüber der Quelle, so kann in der Kristalloberfläche (n-Gebiet)

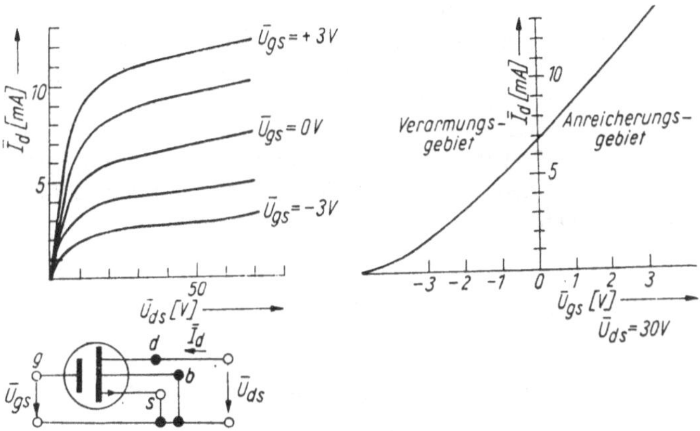

Abb. 40.5. Kennlinienfelder eines leitfähigkeitsgesteuerten Mosfet, der sowohl im Anreicherungsgebiet als auch im Verarmungsgebiet arbeiten kann

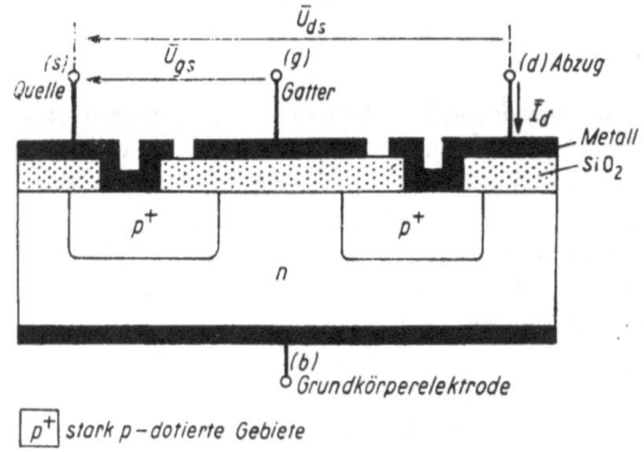

Abb. 40.6. Schematischer Aufbau eines inversionsgesteuerten Mosfest ($\bar{U}_{ds} < 0$, $\bar{I}_d < 0$)
Durch eine negative Gatterspannung ($\bar{U}_{gs} < 0$) wird eine Inversion des Leitungstyps der Oberfläche erreicht und die Sperrschicht zwischen Abzug (rechte p^+-Zone) und Grundkörper (n-Gebiet) abgebaut; damit kann ein Defektelektronenstrom von der Quelle zum Abzug ($\bar{I}_d$) fließen

eine so hohe Dichte von Defektelektronen influenziert werden, daß eine dünne p-leitende Schicht (Inversionsschicht) entsteht. An deren Berührungsstelle mit der p^+-Zone des Abzugs wird die Sperrschicht aufgehoben, und man erhält einen starken Stromanstieg.

Abb. 40.7 zeigt die Kennlinienfelder für einen derartigen inversionsgesteuerten Mosfet (nur Anreicherungstyp möglich).

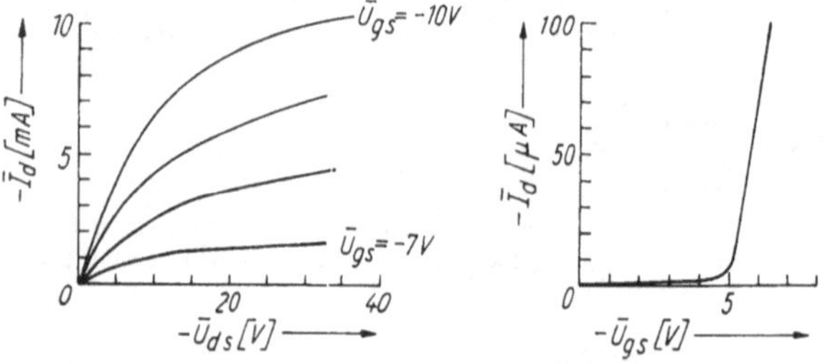

Abb. 40.7. Kennlinienfelder eines inversionsgesteuerten Mosfet (vgl. Abb. 40.5)

Als Vorteile des Feldeffekttransistors gegenüber den bipolaren Transistoren sind neben dem schon erwähnten hohen Eingangswiderstand (leistungsfreie Steuerung bei Vernachlässigung der Zuleitungsinduktivitäten und Laufzeiteffekte, Anwendung sogar als Ersatz von Elektrometerröhren!) vor allem die galvanische Entkopplung des Gatters vom Ausgang, die weitestgehende Rückwirkungsfreiheit und die hohe Spannungsverstärkung zu erwähnen, die eine wesentliche Vereinfachung des Schaltungsentwurfs wie bei der Verwendung von Elektronenröhren ermöglichen.

Zur Abschätzung der Grenzfrequenz, die beim Feldeffekttransistor durch die endliche Aufladezeit des Gatters von der Quelle her bestimmt wird, verwenden wir den einfachen Aufbau nach Abb. 40.3, S. 196. Für den mittleren Ladewiderstand R läßt sich näherungsweise schreiben

$$R \approx \frac{1}{\mu_n n_D e} \frac{l/2}{\langle d_K \rangle b}, \tag{40.12}$$

wobei μ_n die Beweglichkeit der Elektronen, n_D die Donatorenkonzentration im Stromkanal, e den Betrag der Ladung eines Elektrons, l die Länge des Stromkanals (in Abb. 40.3: z-Richtung), b die Tiefe (in Abb. 40.3: x-Richtung) und $\langle d_K \rangle$ die mittlere Breite (in Abb. 40.3: y-Richtung) des Stromkanals bezeichnet. Für die mittlere Ladekapazität ergibt sich ebenfalls näherungsweise

$$C \approx 2 \frac{\varepsilon \varepsilon_0 l b}{\langle d_s \rangle}, \tag{40.13}$$

wenn $\langle d_s \rangle$ die mittlere Sperrschichtdicke, ε_0 die absolute und ε die relative Dielektrizitätskonstante darstellt. Damit erhalten wir für die Grenzfrequenz

$$\omega_{gr} = \frac{1}{RC} \approx \frac{\mu_n n_D e \langle d_K \rangle \langle d_s \rangle}{\varepsilon \varepsilon_0 l^2}. \tag{40.14}$$

Die sogenannte „pinch-off"-Spannung $U_{gs}^{(p)}$ ergibt sich aus der Bedingung, daß die Breite des Stromkanals am Ende ($z = l$) gerade Null wird. Die zugehörige Sperrschichtbreite sei d_{smax}, und es gelte in erster Näherung

$$\langle d_s \rangle = \frac{1}{2} d_{smax} = \frac{1}{2} \langle d_K \rangle, \tag{40.15}$$

so daß wir

$$\omega_{gr} \approx \frac{\mu_n n_D e d_{smax}^2}{2 \varepsilon \varepsilon_0 l^2} \tag{40.16}$$

erhalten. Unter Verwendung der Gl. (35.13) mit $-U = -U_{gs}^{(p)} = |U_{gs}^{(p)}| \gg U_D$ und $n_A \gg n_D$ (das p-leitende Gebiet ist höher dotiert, damit die Sperrschichtdicke in das n-leitende Gebiet hineinwächst) folgt

$$d_{smax} = \sqrt{\frac{2 \varepsilon \varepsilon_0 |U_{gs}^{(p)}|}{e n_D}}. \tag{40.17}$$

Diese Beziehung setzen wir in Gl. (40.16) ein und erhalten damit schließlich

$$\omega_{gr} \approx \frac{\mu_n |U_{gs}^{(p)}|}{l^2}. \tag{40.18}$$

Zur Erzielung einer möglichst hohen Grenzfrequenz muß demnach beim Feldeffekttransistor die Kanallänge l möglichst klein sein (charakteristische Zahlenwerte 5…15 μm). Einer Vergrößerung von $|U_{gs}^{(p)}|$ ist eine natürliche Grenze durch den elektrischen Durchbruch (vgl. S. 126 ff.) gesetzt, so daß Halbleitermaterialien vorteilhaft sind, die ein möglichst großes Produkt aus Beweglichkeit und Durchbruchsspannung besitzen. Germanium und Silizium sind in dieser Hinsicht etwa gleichwertig, während Galliumarsenid einen um den Faktor 4 besseren theoretischen Wert liefert. Die technologischen Schwierigkeiten sind hierbei z. T. aber noch erheblich. Die praktisch bei Silizium erreichte Grenze liegt mit 1 GHz etwa um den Faktor 10 unter dem theoretischen Wert.

41. Der GUNN-Effekt

Eine interessante Erscheinung, die sich als Majoritätsträgereffekt (d. h. ohne Berücksichtigung der Minoritätsträger) erklären läßt, wurde 1962 von J. B. Gunn entdeckt: Nimmt man die Strom-Spannungs-Kennlinie eines dünnen Halbleiterplättchens von einigen 10^{-2} mm Dicke auf, das mit großflächigen ohmschen Kontakten versehen ist, so findet man bei bestimmten Halbleitern (z. B. GaAs, s. unten) oberhalb einer kritischen Feldstärke (360 bis 380 kV/m) Instabilitäten, die zu mehr oder weniger regelmäßigen Schwingungen im GHz-Gebiet Anlaß geben. Eine Messung der Feldverteilung zwischen Katode und Anode mit Hilfe einer kapazitiven Sonde zeigt, daß in diesem Zustand Zonen hoher Feldstärke ($\approx$ 5 MV/m), die man als Domänen bezeichnet, mit der Driftgeschwindigkeit der Elektronen ($\approx 10^5$ m/s) zur Anode wandern.

Jeweils zwischen der Entstehung einer neuen Domäne und dem Verschwinden der letzten Domäne an der Anode steigt die Leitfähigkeit stark an und gibt Anlaß zu einem Stromimpuls. Da die Driftzeit proportional zur Länge l des Halbleiters ist, sollten die Frequenz der Mikrowellenschwingung und l reziprok zueinander sein. Dies steht in Übereinstimmung mit dem experimentellen Befund. Diese Erscheinungen (GUNN-Effekt) treten nur bei solchen Halbleitern auf, deren Leitungsband in der $E(k)$-Darstellung (Energie E als Funktion des Wellenzahlvektors $\boldsymbol{k}$) zwei Minima besitzt (vgl. Abb. 41.1), von denen das höher liegende (*2*) flacher verläuft. Damit besitzen die Elektronen im tieferen Minimum (*1*) eine geringere effektive Masse m_n als die Elektronen im Minimum von *2*; denn nach Gl. (32.28) ist m_n umgekehrt proportional zur Krümmung der Kurve $E(k)$. Es gilt also $m_{n1} < m_{n2}$, und daraus folgt für die Beweglichkeiten $\mu_{n1} > \mu_{n2}$. Die charakteristischen Zahlenwerte für GaAs sind $m_{n1} = 0{,}072\,m_0$; $m_{n2} = 1{,}2\,m_0$; $\mu_{n1} \approx 0{,}5\,m^2/Vs$; $\mu_{n2} \approx 0{,}02\,m^2/Vs$; $\delta E = 0{,}36\,eV$, wobei m_0 die Ruhemasse des freien Elektrons und δE den Abstand der Minima (vgl. Abb. 41.1) bezeichnet. Ohne äußere Spannung befinden sich alle Elektronen im Minimum von *1*. Bei anwachsender Spannung werden auch die höheren Zustände in *1* besetzt. Wenn die Feldstärke einen so großen Wert erreicht hat, daß das Minimum von *2* tiefer liegt als die höchsten besetzten Zustände in *1*, dann gelangen auch Elektronen nach *2*.

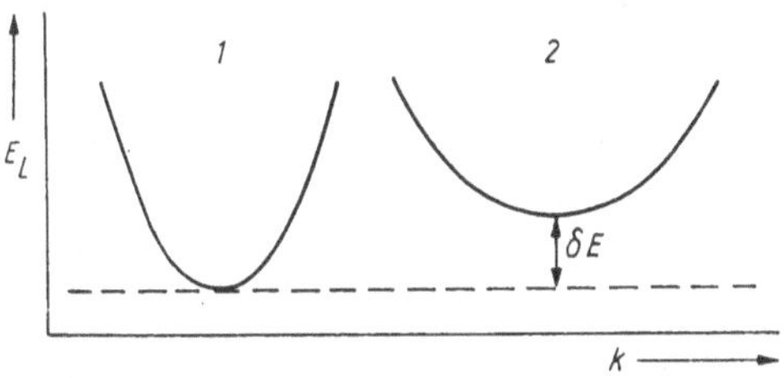

Abb. 41.1. Zur Erklärung des GUNN-Effektes

Das bedeutet, mit wachsender Feldstärke nimmt der Mittelwert von μ_n ab, und, da die Leitfähigkeit σ proportional zu μ_n ist, wird der differentielle Leitwert ($\approx \mathrm{d}I/\mathrm{d}U$) negativ. Damit ist im Prinzip das Auftreten der Instabilität (vgl. Bd. III, Abschn. 19.1.) erklärt. Nun tritt aber eine zusätzliche Komplikation auf, weil eine genauere Analyse zeigt, daß ein solches System, in dem

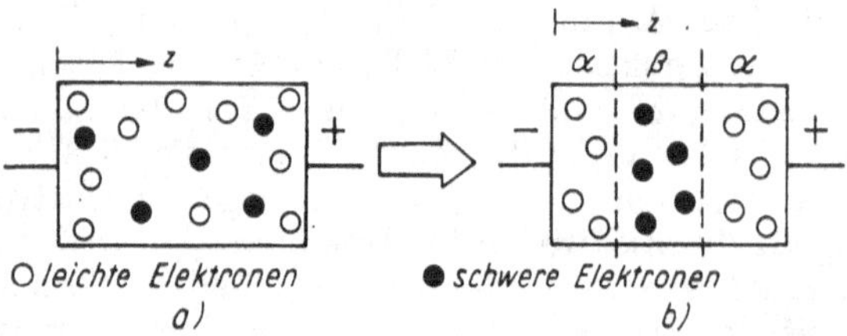

Abb. 41.2. Die Entstehung einer Domäne (Gebiet β) beim GUNN-Effekt

leichte und schwere Elektronen gleichmäßig verteilt sind, thermodynamisch nicht stabil ist und daß eine räumliche Trennung (wie bei einer übersättigten Lösung) erfolgen muß.

Nehmen wir an, daß in einem Gebiet (β) die schweren Elektronen angereichert sind und im restlichen Halbleiter (α) demzufolge ein Überschuß an leichten Elektronen vorliegt (vgl. Abb. 41.2*b*), so muß im Gebiet β eine höhere Feldstärke als im Gebiet α herrschen. Dies folgt aus der Tatsache, daß die elektrische Stromstärke I unabhängig von der Ortskoordinate z und proportional zum Produkt aus Elektronenbeweglichkeit μ_n und Feldstärke E_z ist. (Die Gesamtelektronendichte besitzt in den Gebieten α und β den gleichen Wert, aber nicht in den Übergangszonen, s. unten.) Quantitativ ergibt sich also

$$\mu_{n2} E_z^{(\beta)} = \mu_{n1} E_z^{(\alpha)} \tag{41.1}$$

oder

$$E_z^{(\beta)} = \frac{\mu_{n1}}{\mu_{n2}} E_z^{(\alpha)}. \tag{41.2}$$

Das Gebiet β stellt also die oben erwähnte Zone hoher Feldstärke (Domäne) dar. Die zur Erzeugung dieser Feldstärke notwendige größere Elektronendichte in der Übergangszone $\alpha \rightarrow \beta$ und die entsprechende Verdünnung im Übergangsgebiet $\beta \rightarrow \alpha$ entsteht auf folgende Weise: Ein leichtes Elektron, das von α nach β gelangt — es hat also eine etwas höhere Geschwindigkeit als normal — erfährt wegen der großen Feldstärke eine Beschleunigung und wird infolge der damit verbundenen Energiezunahme zu einem schweren Elektron, d. h. langsam. Es bleibt also in der Übergangszone $\alpha \rightarrow \beta$ und vergrößert die dort herrschende Dichte. Ein schweres Elektron, das infolge geringerer Geschwindigkeit zurückbleibt, kommt in das Gebiet geringerer Feldstärke, wird zu einem leichten Elektron und vergrößert dadurch wieder seine Geschwindigkeit, so daß es auch im Übergangsgebiet $\alpha \rightarrow \beta$ verbleibt. Analog läßt sich leicht einsehen, daß die Übergangszone $\beta \rightarrow \alpha$ an Elektronen verarmt.

Der GUNN-Effekt findet Anwendung zur Erzeugung von Mikrowellen. Im Impulsbetrieb, d. h., wenn die Gleichspannung nur kurzzeitig angelegt wird, hat man bei 1 GHz Ausgangsleistungen bis zu etwa 400 W erreicht und im Dauerbetrieb bei 6 GHz 140 mW bzw. bei 40 GHz noch 40 mW. Der Wirkungsgrad liegt in der Größenordnung von 5···15%, wobei für die technische Anwendung vor allem die Einfachheit der Anordnung besticht. Nähere Einzelheiten und eine ausführliche Literaturzusammenstellung findet man in einer Arbeit von FOLBERTH [F 5].

42. Integrierte Halbleitertechnik

Durch die Entwicklung spezieller Technologien der Halbleiterelektronik konnte in den letzten Jahren die Bauelementedichte in elektronischen Schaltungen wesentlich vergrößert werden. In der als *Miniaturelektronik* bezeichneten Entwicklungsstufe verwendet man noch diskrete Bauelemente, die aber sehr kleine Abmessungen besitzen. Die erreichte Bauelementedichte D liegt in der Größenordnung von $10^7\ m^{-3}$ sowohl bei der sogenannten Subminiaturtechnik (Verwendung kleinster konventioneller Schaltelemente) als auch bei der Mikromodultechnik (Verwendung genormter quadratischer Schaltelemente). Zu um einige Größenordnungen höheren Bauelementedichten führt die *Mikroelektronik* (integrierte Schaltelemente), für die als charakteristische Werte in der sogenannten Dünnfilmtechnik (dünne Schichten auf einem Isolierkörper) $D \approx 10^8\ m^{-3}$ und in der sogenannten integrierten Halbleitertechnik (Dotierungszonen in einem Halbleiter bilden die gesamte Schaltung) $D \approx 10^9$ bis $10^{10}\ m^{-3}$ angegeben werden können. Die zeitliche Entwicklung ist in Abb. 42.1 schematisch dargestellt.

Insbesondere durch die integrierte Halbleitertechnik tritt die Elektronik in ein neues Stadium ein, das nicht wie bei der Entdeckung des Transistors durch neue physikalische Grundlagen (Gesetze der Halbleiterphysik), sondern durch wesentlich neue technische Aspekte gekennzeichnet ist. Die damit verbundenen Umwälzungen erfassen nicht nur die Fertigungsverfahren der Bauelemente wie bei der Ablösung der Röhre durch den

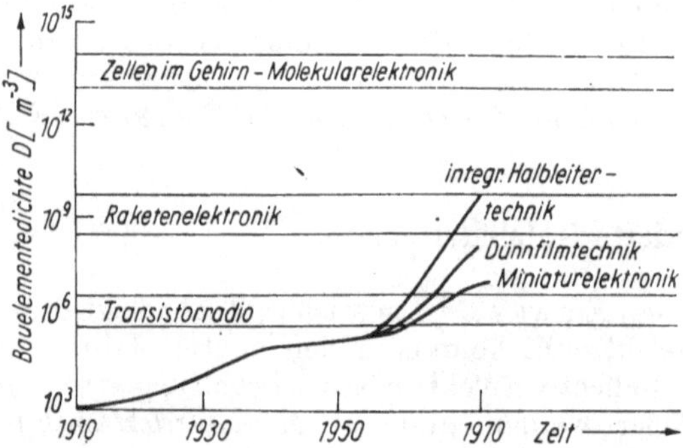

Abb. 42.1. Schematische Darstellung zur zeitlichen Entwicklung der Bauelementedichte

Transistor, sondern bringen als Folge der Vereinigung der Elemente zu „integrierten Schaltungen" bereits während ihrer Herstellung auch für die Schaltungsentwicklung und Gerätefertigung grundsätzliche Änderungen mit sich, so daß tiefgreifende Rückwirkungen auf die Struktur der Industrie, die Forschung und die Lehre zu erwarten sind.

Bisher wurden integrierte Halbleiterschaltungen hauptsächlich dann eingesetzt, wenn Gewicht und Raum einzusparen waren. Als zusätzliche Vorteile infolge verbesserter Technologien und rationeller Herstellungsverfahren können jetzt neben höherer Zuverlässigkeit auch schon merkliche Kostensenkungen gegenüber einem Aufbau mit Einzelbauelementen genannt werden, so daß die wichtigsten Voraussetzungen für eine weite Verbreitung dieser Technik erfüllt sind. Die Herstellung integrierter Halbleiterschaltungen (integrierte monolithische Schaltungen) erfolgt nach dem Planarverfahren, das zunächst zur Fertigung von Siliziumtransistoren (vgl. Abschn. 34, S. 94/95) entwickelt wurde. Als Ausgangsmaterial wird vorzugsweise p-dotiertes Silizium in Scheiben von 25···30 mm Durchmesser und etwa 0,3 mm Dicke verwendet. In mehreren Arbeitsgängen (s. unten) wird die Schaltung durch Aufbringen epitaxialer Schichten und entsprechende Dotierungen mit Hilfe des Photomaskenverfahrens in den Kristall eindiffundiert. Induktivitäten und Übertrager können in dieser Technik nicht und Kondensatoren nur in relativ kleinen Wertebereichen hergestellt werden, so daß sich schon hieraus besondere Anforderungen beim Entwurf einer integrierten Halbleiterschaltung ergeben. Zur leichten, zuverlässigen Kontaktierung werden alle Anschlüsse der Schaltung (Eingang, Ausgang, Stromversorgung usw.) über aufgedampfte Aluminiumleiterbahnen an die Peripherie des Kristalls geführt und als große Aluminiumflächen ausgebildet. Um eine funktionsfähige Schaltung zu erhalten, müssen die einzelnen Bauelemente im Halbleiterkristall voneinander isoliert werden. Hierzu verwendet man meist die sogenannte Sperrschichtisolation.

Bei der Herstellung (vgl. Abb. 42.2) geht man von einer p-leitenden Siliziumscheibe (Substrat) aus, in die zunächst eine stark n-dotierte Schicht (mit n^+ bezeichnet) eindiffundiert wird, die man als verdeckte Schicht („buried layer“) bezeichnet. Ihre Bedeutung wird später erläutert. Auf diese Scheibe läßt man nun n-leitendes

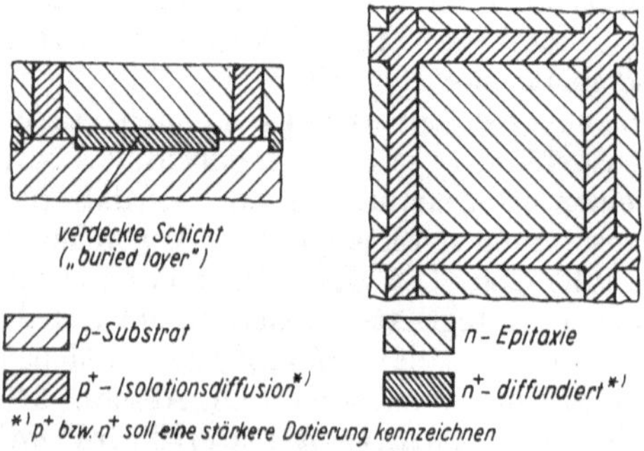

Abb. 42.2. Schematische Darstellung eines sperrschichtisolierten n-Gebietes, in das beim weiteren Herstellungsprozeß ein Bauelement (Transistor, Widerstand, Kondensator, vgl. Abb. 42.3, 42.4 und 42.5) eindiffundiert wird

Silizium epitaxial aufwachsen und diffundiert anschließend stark p-dotierte Wände (mit p^+ bezeichnet) ein, so daß ein n-Gebiet entsteht, das sich in einer p-leitenden Wanne befindet. Um dieses n-Gebiet vom übrigen Halbleiterkristall zu isolieren, muß das p-Substrat stets das dem Betrage nach größte negative Potential der Schaltung besitzen (pn-Übergang in Sperrichtung vergespannt). In derartige Wannen werden nun die verschiedenen Bauelemente eindiffundiert. Abb. 42.3 zeigt einen *npn-Transistor*, der aus dem Kristall von Abb. 42.2 durch p-Diffusion (Basis) und anschließende n^+-Diffusion (Emitter und Kollektor) sowie Kontaktierung entstanden ist.

Der in integrierter Technik hergestellte Transistor

weist gegenüber dem Planar-Einzeltransistor (vgl. Abb. 34.9, S. 95) einige besondere Eigenschaften auf: Da bei dem integrierten Transistor der Kollektoranschluß nach oben herausgeführt werden muß, ergeben sich im Vergleich zum Einzeltransistor größere Kollektor-Bahnwiderstände. Die verdeckte Schicht („buried layer") und das Ge-

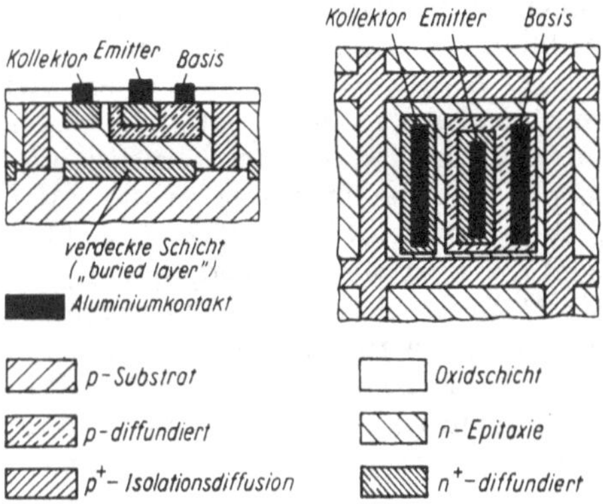

Abb. 42.3. Schematische Darstellung eines integrierten npn-Transistors
Zur Bedeutung von n^+ und p^+ vgl. Abb. 42.2

biet hoher n-Dotierung vor dem Kollektor dienen zur Verringerung der damit verbundenen Nachteile. Wenn auch bei den integrierten Transistoren die Fertigungstoleranzen für die Stromverstärkung ebenso wie bei den Einzeltransistoren recht erheblich sind (Faktor 1···5), zeigen benachbarte integrierte Transistoren im allgemeinen Abweichungen von nur etwa 10%. Damit bietet sich der Aufbau von Differenzverstärkern an, die wegen ihrer schaltungstechnischen Vorteile für integrierte Halbleiterschaltungen charakteristisch sind.

Bei Betrachtung der Abb. 42.3 erkennt man, daß neben dem gewünschten npn-Transistor noch ein parasitärer pnp-Transistor entstanden ist, der sich in folgender

Weise ergibt [wir kennzeichnen diesen Transistor durch den Index (par)]:

Emitter$^{(par)}$ = Basis des npn-Transistors,
Basis$^{(par)}$ = n-Epitaxialgebiet, d. h. Kollektor des npn-Transistors,
Kollektor$^{(par)}$ = p-Substrat.

Der Basis$^{(par)}$-Kollektor$^{(par)}$-Übergang hat zwar die „richtige“ Vorspannung, dagegen ist der Emitter$^{(par)}$-Basis$^{(par)}$-Übergang in Sperrichtung gepolt, sofern der npn-Transistor im normalen Zustand arbeitet. In diesem Fall kann also der parasitäre Transistor unberücksichtigt bleiben. Wenn jedoch der npn-Transistor in das Sättigungsgebiet ausgesteuert wird (d. h. der Basis-Kollektor-Übergang ist nicht in Sperrichtung vorgespannt), so erhält die Emitter$^{(par)}$-Basis$^{(par)}$-Diode eine Vorspannung in Durchlaßrichtung, und es wird ein Strom zum Substrat abgeleitet. Da dieser Leckstrom mit der Stromverstärkung des parasitären Transistors wächst, wird er durch die verdeckte Schicht („buried layer“) stark reduziert (vgl. S. 138, Ziffer *3*).

Integrierte *pnp-Transistoren,* die vor allem in Verbindung mit npn-Transitoren benötigt werden, lassen sich im Prinzip durch zwei in das n-Epitaxialgebiet eindiffundierte p-Gebiete (Kollektor bzw. Emitter) herstellen. Die erreichbaren Stromverstärkungen [vgl. die Gln. (38.100) und (38.67) und Grenzfrequenzen [vgl. Gl. (38.68)] sind allerdings bei den z. Z. herstellbaren Basisbreiten (2···5 μm) nur klein ($f_\alpha \approx 30$ MHz, $\beta_0 = 0{,}5\cdots5$). Neben diesen sogenannten lateralen pnp-Transistoren gibt es noch die pnp-Substrattransistoren, bei denen der Kollektor durch das p-Substrat gebildet wird. Dieser Typ läßt sich demzufolge nur dann anwenden, wenn der Kollektor das niedrigste Potential der Schaltung besitzen darf.

Die fast leistungslose Steuerbarkeit der *Feldeffekttransistoren* macht sie für die Verwirklichung verlustarmer Schaltungen, die eine wesentliche Voraussetzung für hohe Bauelementedichten darstellen, besonders geeignet. Die elektrische Trennung der Gatter vom Ausgangskreis (Rückwirkungsfreiheit) ermöglicht außerdem einen so einfachen Schaltungsentwurf, wie er mit Elektronenröhren üblich ist. Bei der Herstellung von Metalloxid-Oberflächen-Feldeffekttransistoren (Mosfet) ist prinzipiell nur eine Diffusion nötig, nämlich für die niederohmigen Quellen- und Abzugselektroden. Ist deren Leitungstyp dem des Substrats entgegengesetzt (inversionsgesteuerte Mosfet), so entstehen an den Diffusionszonengrenzen und an der Inversionsschicht pn-Übergänge, die in Sperrichtung zum Substrat geschaltet sind. Damit können aber auch die Isolationswannen entfallen. Neben der Verfahrensvereinfachung bedeutet das noch einen Raumgewinn von ungefähr 30%.

Aus dem gleichen Grund wird bei den leitfähigkeitsmodulierten Mosfet von einem Substrat ausgegangen, das dem des Mosfet entgegengesetzt ist. Bei einem Mosfet nach Abb. 40.4, S. 198, muß das Substrat demzufolge p-leitend sein. In dieses wird zunächst eine schwach n-leitende Schicht eindiffundiert (n-Gebiet) und danach die n^+-Dotierung (n^+-Gebiet) vorgenommen. Damit ist wieder jeder Bereich des Mosfet gegen das Substrat durch eine pn-Schicht isoliert, und es sind keine Isolationswannen erforderlich.

In der integrierten Halbleitertechnik werden *Dioden* meist durch npn-Transistoren gebildet, bei denen man die dritte Elektrode geeignet schaltet. Gemäß Abb. 42.3, S. 209, sind fünf Varianten möglich, die sich in ihren Eigenschaften stark unterscheiden können:

1. Kollektor mit Basis verbunden,
2. Kollektor mit Emitter verbunden,
3. Emitter mit Basis verbunden,
4. Kollektor nicht angeschlossen,
5. Emitter nicht angeschlossen.

In den Varianten *1*, *2* und *4* (Emitter-Basis-Diode) liegt die Durchbruchsspannung je nach Dotierung bei 5···7,5 V (in den anderen Fällen über 20 V), und eine Verwendung als ZENER-Diode ist möglich (vgl. S. 128ff.).

Bei der Herstellung von *Widerständen* (und Kondensatoren, s. unten) in integrierter Halbleitertechnik verwendet man zur Vereinfachung der Gesamtfertigung Prozeßschritte, die auch beim Aufbau der npn-Transistoren notwendig sind.

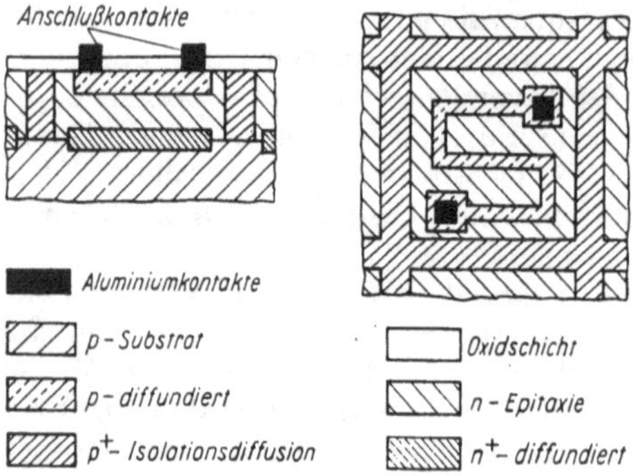

Abb. 42.4. Schematische Darstellung eines Widerstandes in integrierter Halbleitertechnik
Zur Bedeutung von p^+ und n^+ vgl. Abb. 42.2

Mit der üblichen p-Diffusion (Basisherstellung beim Transistor) können Widerstände ökonomisch im Bereich von 50 Ω bis 50 kΩ hergestellt werden. Abb. 42.4 zeigt eine Ausführungsform. Für kleinere Widerstandswerte wird die n^+-Diffusion (Emitterherstellung beim Transistor) verwendet. Wenn das n-Epitaxialgebiet auf dem höchsten positiven Potential der Schaltung liegt, können alle durch p-Diffusion hergestellten Widerstände der Schaltung im gleichen n-Epitaxialgebiet untergebracht werden, da die entstehende Sperrschicht für die notwendige Isolation sorgt. Die quer zu den Widerstandsbahnen angreifende Sperrschichtkapazität hat zur Folge, daß die Widerstände Tiefpaßverhalten zeigen. Um die

Hochfrequenzeigenschaften zu verbessern, müssen die Widerstände mit möglichst geringem Querschnitt hergestellt werden. Allerdings vergrößern sich dann auch die Fertigungstoleranzen, die bei einer Breite von 10 μm etwa 20% betragen.

Kondensatoren werden in der integrierten Halbleitertechnik meist durch pn-Übergänge realisiert, die in Sperrichtung vorgespannt sind. Abb. 42.5 zeigt den Auf-

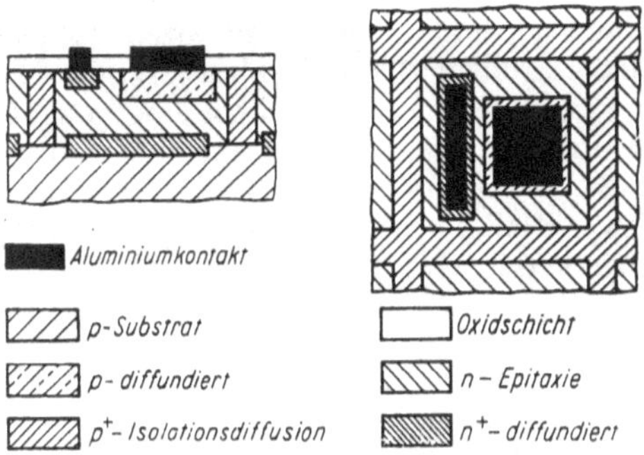

Abb. 42.5. Schematische Darstellung eines Kondensators (Sperrschichtkapazität) in integrierter Halbleitertechnik
Zur Bedeutung von p^+ und n^+ vgl. Abb. 42.2

bau eines derartigen Sperrschichtkondensators. Die Kapazität ist der zweiten bis dritten Wurzel aus der Sperrspannung umgekehrt proportional und hängt von den Dotierungen ab [vgl. Gl. (35.16)ff.]. Bei dem in Abb. 42.5 dargestellten Kondensator wird ein Basis-Kollektor-Übergang (vgl. Abb. 42.3) verwendet. Für $U = 0$ und die gebräuchlichsten Dotierungen erhält man damit Kapazitätswerte, die in der Nähe von 200 pF pro mm^2 Fläche liegen. Benutzt man dagegen einen Emitter-Basis-Übergang, so ergeben sich Werte von etwa 800 bis 1500 pF/mm^2. Ökonomisch lassen sich Kapazitäten nur bis höchstens 50 pF herstellen.

Von der linken Elektrode in Abb. 42.5 bildet sich nicht nur die gewünschte Sperrschichtkapazität gegen die rechte Elektrode (Gebiet „p-diffundiert“) aus, sondern noch eine parasitäre Kapazität gegen das Substrat (Gebiete „p-Substrat“ und „p^+-Isolationsdiffusion“), die bei gleichen Potentialdifferenzen etwa gleich groß sind.

Dieses Auftreten von parasitären Bauelementen (Kapazitäten, Widerstände, Transistoren) ist für die integrierte Halbleitertechnik charakteristisch und bedingt mit den schon früher erwähnten Besonderheiten neue Schaltungsprinzipien. Auf diese Problematik und weitere Fragen der Mikroelektronik kann aber hier nicht näher eingegangen werden, und es wird auf die zusammenfassenden Darstellungen von A. J. Khambata [K 5], E. Keonjian [K 4], R. M. Warner [W 3], A. Lewicki [L 2] und C. S. Meyer u. a. [M 10] verwiesen.

Stichwort- und Literaturverzeichnis

In dieser Zusammenstellung sind vorzugsweise Buchveröffentlichungen zitiert.
Die Spalten A bis D haben folgende Bedeutung:

A: Seitenzahl des vorliegenden Buches für das entsprechende Stichwort
B: Werke zur Information, Einführungen
C: grundlegende Werke
D: technische Anwendungen, Berechnungsgrundlagen, vgl. insbesondere auch Teil VII

	A	B	C	D
Gitterbeweglichkeit	16	[G 1], [M 7], [P 4]	[S 11]	
Gitterstörung	15		[P 2], [P 4]	
Gleichgewichtskonzentration	51		[S 11]	
Gleichgewichtsverteilung	104		[P 4]	
gleichrichtender Kontakt	62, 64		[G 1], [P 2], [P 4], [M 7]	
Golddrahtdiode	123	[P 1]		[F 3], [M 1], [Z 2]
Grenzfrequenz	135, 163, 170, 174, 187, 194, 200		[M 7], [P 2], [U 1]	[P 1]
Grundkörperelektrode	197		s. Substrat	
GUNN-Diode	205	[P 1]	[U 1], [O 2]	[1a]
GUNN-Effekt	203		[F 5], [E 2], [S 16] [O 2]	[1a]
Halbleiter, amorpher (Glashalbleiter)		[E 2]	[S 16]	[1g]
Halbleiter, entarteter	37, 132	[G 1]	[P 4], [S 11]	[1f]
Halbleiter-Flächendiode	123	[P 1]	[P 2], [P 4], [M 7]	[R 3]
Halbleiterlaser		[P 1], [S 16]		[1b]
Halbleiterwiderstand, integrierter	212	[P 1]	[K 4], [K 5]	
HALL-Effekt	15	[G 1]	[K 3], [S 11]	
HALL-Generator		[K 6], [V 2]	[K 3]	[P 1]
Heißelektronentransistor		[P 1]		
Hochfrequenztransistor	180, 194	[K 6], [P 2]	[U 1], [M 7]	[C 1], [F 7]
Hybridparameter (= h-Parameter)	176	[L 1], [F 6]	[P 2], [C 1]	[O 1], [K 1], [2]
Impulsverhalten (von Transistoren)	148	[P 2], [M 7]	[B 2], [S 7]	[P 7], [B 4], [N 1]
Injektion	106, 148	[G 1], [M 7]	[S 11], [P 4]	
Injektionsstrom	138		[M 7]	
Injektionstransistor	192		s. bipolarer Transistor	
Innenwiderstand	124, 144, 175, 185			
integrierte Schaltung	207		s. Schaltkreise, integrierte	
integrierter Transistor	208	[P 1], [K 6]	[L 2], [K 4], [K 5]	

	A	B	C	D
leitfähigkeitsgesteuerter Mosfet	197	[P 1]	[P 5], [R 6], [S 12], [S 13], [W 1]	[C 5]
Leitwert, komplexer	175			
Leitwertparameter	180		s. Y-Parameter	
Liquiduslinie	90			[F 3], [F 4]
Löcherleitung	18, 44	[P 2]	[M 7], [P 4], [S 11]	
Lumineszenzdiode		[S 16]	[E 2]	
Madistor		[P 1]		
Magnetdiode		[P 1]		
Magnetowiderstand		[P 1], [M 7]		
Majoritätsträger	52, 106	[P 2]	[M 7], [P 4], [S 11]	
Mangelhalbleiter	19	[S 11]		
Mesatransistor	94	[K 6], [P 1]	[P 2], [S 11]	[S 5]
Metallbasistransistor		[P 1], [M 6]		
Metall-Halbleiter-Kontakt	54	[K 6]	[P 2], [S 11], [Z 2]	
Mikroelektronik	206	[K 6], [P 1], [V 2]	[K 5], [K 8]	[S 16], [M 8]
Mikromodultechnik	206	[K 6]		[S 14]
Miniaturelektronik	205	[P 1]	[L 2], [K 4], [K 5]	
Leitungsband	13		[P 4], [M 7], [S 11]	
Minoritätsträger	52	[P 2]	[M 7], [P 4], [S 11]	
Mischkristall	89			[F 3], [F 4]
Mischungslücke	88			[F 3], [F 4]
Mischvierpol	80			[M 1], [2]
Modulationskapazität	170		[E 1], [P 3a]	
Modulationsleitwert	170		[E 1], [P 3a]	
MOS-Feldeffekttransistor (= Mosfet)	197	[R 3], [K 6], [V 2]	[P 5], [E 2]	[U 1], [K 9]
Multiemittertransistor		[M 6], [M 7]		
Multikollektortransistor		[M 6]		
n-Halbleiter	19, 43, 137, 196	[C 1]	[P 4], [M 7], [S 11]	
npn-Transistor	137, 188, 208			
Oberflächenrekombination	46, 174		[P 2], [P 4], [M 7], [S 11]	

	A	B	C	D
Trägerkonzentration	43		[P 4]	
Trägermultiplikation	127		[P 2], [S 11]	
Transistor, gezogener	91	[K 6], [P 1], [M 7]		
—, oberflächengesteuerter		[P 1]	[E 2]	
Transistormeßtechnik		[M 1], [P 1]	[P 8]	
Transistorrauschen			[P 3a], [B 3], [P 5]	[U 1], [S 15], [M 9]
Transistorschaltsymbole	139			[M 1], [P 1
Transistortetrode		[K 6]		
Transistortheorie	150		[A 1], [G 1], [J 1], [P 2], [P 4], [M 7], [S 11]	
—, Basisbreitenmodulation	164		[E 1], [S 11]	
—, Gleichstromverhalten	155		[S 11]	
—, Großsignaltheorie			[P 2]	[B 2], [N 1]
—, bei großen Injektionen	151, 172		[P 2]	
Transitfrequenz	189			[2], [P 8]
Triode, dielektrische		[M 6]		
Tunneldiode	131	[R 3], [K 6], [P 1], [V 2]	[C 2], [C 4]	[P 3b], [Z 2]
Tunneleffekt	132		[P 4], [M 7]	
Tunneltransistor		[P 1]		
Tunneltriode		[P 1]		
Twistor		[P 1]		
Übergangswahrscheinlichkeit	26, 46, 126		[S 11]	
Überschußhalbleiter	19	[S 11]		
Übersteuerung	149		[P 7], [P 2]	[B 2], [N 1]
Unijunctiontransistor		s. Doppelbasisdiode		
Unipolartransistor	196	s. Feldeffekttransistor		
Valenzband	13		[P 4], [M 7], [S 11]	
Varaktordiode		[R 3]	[U 1]	[Z 2]
Verarmungstyp	198	[P 1]	[P 5], [R 6], [S 12], [S 13], [W 1]	[C 5]
Verlustleistung, maximale	171, 188, 189, 190		[P 2]	[B 2], [O 1], [S 5]
Verteilungsfunktion	26		[P 4], [M 7], [S 11]	
Verzögerungszeit	148	[M 7]	[P 7], [P 2]	[B 2]

	A	B	C	D
Vierpolgleichungen	175	s. auch Teil VII	[P 5], [M 7]	[C 1], [O 1], [K 1], [2]
Vierschichtdiode		[R 3], [P 1], [M 5]		[Z 2]
Vierzonentransistor		[M 6]		
VOLTA-Spannung	57	s. Kontaktpotential		
V-Zentrum	23			
Wärmedurchbruch	125, 172	s. Durchbruch, thermischer		
Wärmewiderstand	189			[M 1], [B 2]
Weglänge, mittlere freie	69	[P 2]	[P 4], [S 11]	
Wellenzahlvektor	27		[S 11], [M 7], [P 4]	
Widerstand, negativer	134		[C 2], [C 4]	[P 3b]
—, spezifischer	12, 23	[M 7]		
—, integrierter	212	[P 1]	[L 2], [K 4], [K 5]	[M 9]
Y-Parameter	180	[P 1]	[M 7], [P 2]	[C 1], [2]
ZENER-Diode (= Z-Diode)	128	[R 3], [P 1], [V 2]		[K 6]
ZENER-Effekt	126	[K 6]	[S 11], [P 2]	
Zone, verbotene	13, 63, 118	[G 1]	[P 4], [M 7], [S 11]	
Zonenschmelzverfahren	90		[H 1]	[F 4]
Zustandsdichte, effektive	37, 98		[P 4], [S 11], [M 7]	
Zwischengitterplatz	21	[G 1]	[P 4], [S 11]	

[A 1] ANSELM, A. I.: Einführung in die Halbleitertheorie. Akademie-Verlag, Berlin 1964.

[B 1] BURGER, R. M., und R. P. DONOVAN ed.: Fundamentals of Silicon Integrated Device Technology, 2 Bde. Prentice Hall, Englewood Cliffs/N. J. 1968.

[B 2] BARANOWSKI, J., und T. JANKOWSKI: Transistorschaltungen in der Impulstechnik (Übers. a. d. Poln.). VEB Verlag Technik, Berlin 1966.

[B 3] BITTEL, H., und L. STORM: Rauschen. Springer-Verlag, Berlin—Heidelberg—New York 1971.

[B 4] BITTERLICH, W.: Elektronik. Springer-Verlag, Wien 1967.

[C 1] CASSIGNOL, E.: Halbleiter, 3 Bde. Philips Technische Bibliothek, Eindhoven 1966—1968.

[C 2] Chang, K. N.: Parametric and Tunnel Diodes. Prentice Hall, Englewood Cliffs, N. J. 1964.

[C 3] Carroll, J. M.: Microelectronic Circuits and Applications. McGraw-Hill Book Co. Inc., New York 1965.

[C 4] Carroll, J. M.: Tunnel-Diode and Semiconductor Circuits. McGraw-Hill Book Co. Inc., New York 1963.

[C 5] Crawford, R. H.: MOSFET in Circuit Design. McGraw-Hill Book Co. Inc., New York 1967.

[D 1] Dosse, J.: Der Transistor. R. Oldenbourg-Verlag, München 1962.

[D 2] Doyle, J. M.: Thin Film and Semiconductor Integrated Circuitry. McGraw-Hill Book Co. Inc., New York 1966.

[E 1] Early, J. M.: Effects of Space-Charge Layer Widening in Junction Transistors. Proc. IRE **40** (1952) 1401.

[E 2] Elschner, H., H. Möschwiter und K. Lunze: Neue Bauelemente der Informationstechnik. AVG Geest & Portig, Leipzig 1974.

[F 1] Falter, M.: Dioden- und Transistortechnik. VEB Verlag Technik, Berlin 1959.

[F 2] Fedetow, J. A., und J. S. Schmarzew: Transistoren (Übers. a. d. Russ.). VEB Verlag Technik, Berlin 1963.

[F 3] Frank, H., und V. Snejdar: Halbleiterbauelemente, 2 Bde. Akademie-Verlag, Berlin 1964.

[F 4] Fritzsche, C.: Herstellung von Halbleitern. VEB Verlag Technik, Berlin 1963.

[F 5] Folberth, O. G.: Der Gunn-Effekt. Z. angew. Physik **22** (1967) 553.

[F 6] Fontaine, G.: Dioden und Transistoren, 2 Bde. Deutsche Philips GmbH, Hamburg 1974.

[F 7] Filipkowski, A.: Transistorverstärker für hohe Frequenzen (Übers. a. d. Poln.). VEB Verlag Technik, Berlin 1966.

[G 1] Gärtner, W. W.: Einführung in die Physik des Transistors (Übers. a. d. Engl.). Springer-Verlag, Berlin—Göttingen—Heidelberg 1963.

[G 2] Gentry, F. F., et al.: Semiconductor Controlled Rectifiers. Prentice Hall, Englewood Cliffs/N. J. 1964.

[G 3] Grimsehl, E.: Lehrbuch der Physik, Bd. 4: Struktur der Materie. B. G. Teubner Verlagsgesellschaft, Leipzig 1964.

[H 1] Hadamovsky, H. F., ed.: Halbleiterwerkstoffe. VEB Deutscher Verlag für Grundstoffindustrie, Leipzig 1972.

[H 2] Holzmüller, W.: Technische Physik, Bd. II/2. B. G. Teubner Verlagsgesellschaft, Leipzig 1966.

[H 3] HEUMANN, K., und C. STUMPE: Thyristoren. B. G. Teubner, Stuttgart 1969.

[H 4] HOFFMANN, A., und K. STOEKER ed.: Thyristor-Handbuch. Siemens AG, Berlin 1965.

[J 1] JOFFÉ, A. F.: Physik der Halbleiter (Übers. a. d. Russ.). Akademie-Verlag, Berlin 1960.

[J 2] JOFFÉ, A. F.: Halbleiter-Thermoelemente (Übers. a. d. Russ.). Akademie-Verlag, Berlin 1957.

[K 1] KAMMERLOHER, J.: Transistoren, Bd. 1. C. F. Wintersche Verlagshandlung ,Prien 1965.

[K 2] KERN, K., und N. CHANG: Parametric and Tunnel Diodes. Prentice Hall, Englewood Cliffs/N. J. 1964.

[K 3] KUHRT, F., und H. P. LIPPMANN: Hall-Generatoren. Springer-Verlag, Berlin—Heidelberg—New York 1969.

[K 4] KOENJIAN, E., ed.: Microelectronics. McGraw-Hill Book Co. Inc., New York 1963.

[K 5] KHAMBATA, A J.: Einführung in die Mikroelektronik (Übers. a. d. Engl.). VEB Verlag Technik, Berlin 1967.

[K 6] KNOLL, M., und J. EICHMEIER: Technische Elektronik, 2 Bde. Springer-Verlag, Berlin—Heidelberg—New York 1965/1966.

[K 7] KRETZMANN, R., ed.: Handbuch der Elektronik. Verlag für Radio-Foto-Kinotechnik, Berlin 1968.

[K 8] KHAMBATA, A. J.: Einführung in die Gruppenintegration (Übers. a. d. Engl.). VEB Verlag Technik, Berlin 1971.

[L 1] LANGE, F. H.: Signale und Systeme, Bd. 2. VEB Verlag Technik, Berlin 1968.

[L 2] LEWICKI, A.: Einführung in die Mikroelektronik. R. Oldenbourg-Verlag, Wien 1966.

[L 3] LUNZE, K., E. KÖHLER, A. MÖSCHWITZER und H. ELSCHNER: Festkörperbauelemente, Teil 9. Nachrichtentechnik **20** (1970) 349.

[M 1] MEINKE, H. H., und F. W. GUNDLACH: Taschenbuch der Hochfrequenztechnik. Springer-Verlag, Berlin—Heidelberg—New York 1968.

[M 2] MOTOROLA Inc.: Integrated Circuits. McGraw-Hill Book Co. Inc., New York 1965.

[M 3] MOTOROLA Inc.: Analysis and Design of IC. McGraw-Hill Book Co. Inc., New York 1967.

[M 4] MIERDEL, G., und J. KROCZEK: Selen-Gleichrichter. VEB Verlag Technik, Berlin 1959.

[M 5] MIERDEL, G.: Elektrophysik. VEB Verlag Technik, Berlin 1972.

[M 6] MÖSCHWITZER, A., und E. KÖHLER: Festkörperbauelemente. Nachrichtentechnik **15** (1965), H. 1–6.

[M 7] MÖSCHWITZER, A., und K. LUNZE: Halbleiterelektronik-Lehrbuch. VEB Verlag Technik, Berlin 1975.

[M 8] MÖSCHWITZER, A., et al: Halbleiterelektronik-Arbeitsbuch. VEB Verlag Technik, Berlin 1974.

[M 9] MÖSCHWITZER, A.: Halbleiterelektronik-Wissensspeicher. VEB Verlag Technik, Berlin 1974.

[M10] MEYER, C. S., et. al.: Analysis and Design of Integrated Circuits. McGraw-Hill Book Co. Inc., New York 1965.

[N 1] NEETESON, P. A.: Flächentransistoren in der Impulstechnik. Philips Technische Bibliothek, Eindhoven 1960.

[N 2] NUSSBAUM, A.: Semiconductor Device Physics. Prentice Hall, Englewood Cliffs, N. J. 1962.

[O 1] OTTO, K., und H. MÜLLER: Flächentransistoren. VEB Verlag Technik, Berlin 1965.

[O 2] ORTON, J. W.: Gunn-Effekt-Halbleiter. Hüthig-Verlag, Heidelberg 1973.

[P 1] PHILIPPOW, E., ed.: Taschenbuch Elektrotechnik, Bd. 3: Nachrichtentechnik. VEB Verlag Technik, Berlin 1968.

[P 2] PAUL, R.: Transistoren. VEB Verlag Technik, Berlin 1964.

[P 3] PFEIFER, H. Elektronisches Rauschen. B. G. Teubner Verlagsgesellschaft, Leipzig 1959/1968
a) Bd. 1 b) Bd. 2.

[P 4] PAUL, R.: Halbleiterphysik. VEB Verlag Technik, Berlin 1974.

[P 5] PAUL, R.: Feldeffekttransistoren. VEB Verlag Technik, Berlin 1972.

[P 6] PAUL, R.: Grundlagen der Mikroelektronik. VEB Verlag Technik, Berlin 1969.

[P 7] PRESSMAN, A. I.: Digitale Schaltungen mit Transistoren. Berliner Union, Stuttgart 1964.

[P 8] PAUL, R.: Transistor-Meßtechnik. VEB Verlag Technik, Berlin 1969.

[R 1] RUSCHE, G., K. WAGNER und F. WEITZSCH: Flächentransistoren. Springer-Verlag, Berlin—Göttingen—Heidelberg 1961.

[R 2] ROHDE, U. L.: Transistoren bei höchsten Frequenzen. Verlag für Radio-Foto-Kinotechnik, Berlin 1965.

[R 3] RUMPF, K. H.: Bauelemente der Elektronik. VEB Verlag Technik, Berlin 1973.

[R 4] RYWKIN, S. M.: Photoelektrische Erscheinungen in Halbleitern (Übers. a. d. Russ.). Akademie-Verlag, Berlin 1965.

[R 5] RISTENBLATT, M. P., und R. L. RIDDLE: Transistor Physics and Circuits. Prentice Hall, Englewood Cliffs/N. J. 1965.

[R 6] RICHMAN, P.: Charakteristics and Operation of MOS-Field-Effect Devices. Mc Graw-Hill Book Co. Inc., New York 1967.

[R 7] RUNYAN, W. R.: Silicon Semiconductor Technology. McGraw-Hill Book Co. Inc., New York 1965.

[R 8] RODERICK, E. H.: The Physics of Schottky Barriers. J. Phys. D: Appl. Phys. **3** (1970) 1153.

[S 1] SALOW, H.: Der Transistor. Springer-Verlag, Berlin—Göttingen—Heidelberg 1963.

[S 2] SCHLEGEL, H. R.: Der Transistor — Allgemeine Grundlagen. C. F. Wintersche Verlagshandlung, Prien 1961.

[S 3] SCHOTTKY, W., und F. SAUTER ed.: Halbleiterprobleme, 9 Bde. Verlag F. Vieweg und Sohn, Braunschweig 1953 bis 1962.

[S 4] SCHRÖDER, H.: Elektrische Nachrichtentechnik, Bd. 2. Verlag für Radio-Foto-Kinotechnik, Berlin 1963.

[S 5] STRENG, K. H.: Transistordaten. Militärverlag, Berlin 1975.

[S 6] SEILER, K.: Physik und Technik der Halbleiter. Wissenschaftliche Verlagsgesellschaft, Stuttgart 1964.

[S 7] SHEA, R. F.: Transistortechnik (Übers. a. d. Engl.). VEB Verlag Technik, Berlin 1961.

[S 8] SHOCKLEY, W.: Theory of pn-Junction in Semiconductors and pn-Junction Transistors. Bell System techn. J. 28 (1949) 435.

[S 9] SHOCKLEY, W.: Electrons and Holes in Semiconductors. D. van Nostrand Co., New York 1950.

[S 10] SOMMERFELD, A.: Vorlesungen über theoretische Physik, Bd. 6. AVG Geest & Portig, Leipzig 1962.

[S 11] SPENKE, E.: Elektronische Halbleiter. Springer-Verlag, Berlin—Göttingen—Heidelberg 1965.

[S 12] SAH, C. T.: Charakteristics of the Metall-Oxide-Semiconductor Transistor. Trans. electr. electron. Engrs. ED-**11** (1964) 324.

[S 13] SEVIN, L. J.: Field-Effect Transistors. McGraw-Hill Book Co. Inc., New York 1965.

[S 14] SCHMELLMEIER, H.: Technologie elektronischer Bauelemente. VEB Verlag Technik, Berlin 1970.

[S 15] SCHNEIDER, H. G., ed.: Zuverlässigkeit elektronischer Bauelemente. VEB Deutscher Verlag für Grundstoffindustrie, Leipzig 1974.

[S 16] SCHNEIDER, H. G., ed.: Grundlagen aktiver elektronischer Bauelemente. VEB Deutscher Verlag für Grundstoffindustrie, Leipzig 1972.

[U 1] UNGER, H. G., und W. HARTH: Hochfrequenz-Halbleiterelektronik. Hirzel-Verlag, Stuttgart 1972.

[V 1] VALDES, L. B.: The Physical Theory of Transistors. McGraw-Hill Book Co. Inc., New York 1961.

[V 2] VÖLZ, H.: Elektronik für Naturwissenschaftler. Akademie-Verlag, Berlin 1974.

[W 1] WALLMARK, J. T., und H. JOHNSON ed.: Field-Effect-Transistors. Prentice Hall, Englewood Cliffs, N. J. 1966.

[W 2] WEBER, S.: Optoelectronic Devices and Circuits. McGraw-Hill Book Co. Inc., New York 1964.

[W 3] WARNER, R. M., und J. N. FORDEMWALD: Integrated Circuits, Design Principles and Fabrication. McGraw-Hill Book Co. Inc., New York 1965.

[Z 1] ZIEL, A. VAN DER: Solid State Physical Electronics. MacMillan & Co., London 1958.

[Z 2] ZINKE, O., und H. BRUNSWIG: Lehrbuch der Hochfrequenztechnik, Bd. 2. Springer-Verlag, Berlin—Heidelberg—New York 1974.

[1] VEB Halbleiterwerk Frankfurt/Oder ed.: Probleme der Festkörperelektronik.

a) Bd. 1, 1969
b) Bd. 2, 1970
c) Bd. 3, 1971
d) Bd. 4, 1972
e) Bd. 5, 1973
f) Bd. 6, 1974
g) Bd. 7, 1975

[2] Telefunken AG ed.: Röhre und Transistor als Vierpol. AEG-Telefunken, Ulm 1967.

Der Verfasser

- **erläutert die Grundlagen der Elektrizitätsleitung in Halbleitern, Metallhalbleiterdioden und Halbleiterflächendioden**

- **gibt Beispiele für spezielle Halbleiterdioden**

- **behandelt die Herstellung und Dotierung von Halbleiterkristallen**

- **befaßt sich mit der Wirkungsweise von Transistoren, insbesondere mit den Vierpolgleichungen des Transistors**

WISSENSCHAFTLICHE TASCHENBÜCHER